住房城乡建设部土建类学科专业“十三五”规划教材
A+U 高等学校建筑学与城乡规划专业教材

Architecture and Urban

装配式工业化住宅设计原理

（加）周静敏　主编

中国建筑工业出版社

图书在版编目（CIP）数据

装配式工业化住宅设计原理 /（加）周静敏主编．—北京：中国建筑工业出版社，2020.9
住房城乡建设部土建类学科专业“十三五”规划教材
A+U 高等学校建筑学与城乡规划专业教材
ISBN 978-7-112-25332-6

Ⅰ．①装… Ⅱ．①周… Ⅲ．①装配式单元－住宅－建筑设计－高等学校－教材 Ⅳ．① TU241

中国版本图书馆 CIP 数据核字（2020）第 137461 号

责任编辑：王 惠 陈 桦
责任校对：焦 乐

住房城乡建设部土建类学科专业“十三五”规划教材
A+U 高等学校建筑学与城乡规划专业教材
装配式工业化住宅设计原理
（加）周静敏 主编
*
中国建筑工业出版社出版、发行（北京海淀三里河路 9 号）
各地新华书店、建筑书店经销
北京方舟正佳图文设计有限公司制版
北京中科印刷有限公司印刷
*
开本：787 毫米 ×1092 毫米 1/16 印张：$11\frac{1}{4}$ 字数：175 千字
2020 年 11 月第一版 2020 年 11 月第一次印刷
定价：39.00 元（赠课件）
ISBN 978-7-112-25332-6
（36319）

同济大学研究生教材出版基金（2020JC04）资助
国家自然科学基金面上项目（51978470）资助

本书编委会

学术编委会

窦以德　黄一如　孙力扬　范　悦　宋　昆　张　宏　邵　郁　魏素巍　樊则森
杨家骥　刘西戈　李忠富　曹祎杰

主编

周静敏

主要参编人员

刘东卫　邵　磊　苗　青　伍曼琳　陈静雯　刘　敏　贺　永　伍止超　郝　学

资料与制图

何　广　王舒媛　黄　杰　卫泽华　姜延达

前言

在高等教育建筑学专业课程中，居住建筑历来是建筑设计教学的基本内容之一。近年来，由于工业化住宅“设计标准化、生产工厂化、施工装配化、装修一体化、管理信息化”的建造体系具有效率高、消耗少、品质好的特点，国家大力推进实现住宅产业化转型的发展。随着多项激励政策、国家标准、技术规范的颁布，工业化建筑的建设速度和规模都有较大的提高。与此同时，也出现了不明原理、一拥而上、造成新的浪费和安全质量隐患的现象。因而，回答“什么是工业化住宅？如何设计工业化住宅？”成为住宅设计教育的当务之急。本书旨在让学生通过学习，树本清源、理清理论和技术原则，做真正的工业化住宅，实现推进住宅建设的可持续良性发展和提升居住品质的目标。

本书聚焦工业化住宅建造中重要的体系——SI（支撑体、填充体）分离体系。SI 是基于公共和个体分离的体系。它通过对结构体、外围护装修体、管线的清晰划分，让建筑各个部分更加明确而独立，互不干扰，长寿耐久；分离体系也更能回应居住在人性化和多样化方面的灵活可变，适应在人类学与社会学方面的发展；分离体系还为物权的分配提供了合理的依据。因此，SI 是一种涵盖住宅建设层面和管理层面可持续发展的全面对应体系。

本书从概念特点历程入手，梳理了工业化住宅相关理论的脉络，论述了欧洲、日本及中国在此领域的发展历程及特点；书中重点规范了设计总原则，特别是建筑设计原则及技术体系，尤其在技术原则方面，从设计选型、技术要点和施工安装均给予了阐明；书中在最后一章评析了实践案例和其后评估结果。全书基于同济大学建筑与城市规划学院周静敏研究室及中国建筑标准设计研究院刘东卫工作室多年的研究成果，内容翔实，理论与实践并举，构建了从“概念起源——理论发展——设计原理——技术要点——实践案例——后评估”的完整学习链。

本书为住房城乡建设部土建类学科专业“十三五”规划教材。在立项和出版过程中，得到中国建筑工业出版社的很大帮助。教材的编写得到了清华大学、深圳大学、天津大学、东南大学、哈尔滨工业大学、大连理工大学等高校老师的全力支持。中国建筑学会原副理事长窦以德老师在教材定位及学术上给予了方向性的指导。中国工程院院士庄惟敏老师为本书写了推荐语。本教材的编写也得到国家自然科学基金面上项目 (51978470)、同济大学研究生教材出版基金 (2020JC04) 的资助。在此，谨向支持本书出版的所有人士表示深深的谢意！

本书的使用对象为高校教师与学生，也面向住宅工业化领域的相关技术人员。书中内容不仅包括工业化住宅设计的理论、原理与方法，还展示了具有代表性的实践项目及该领域的前沿研究成果，为使用者提供了技术参照和借鉴。

目 录

第 1 章　概念 · 特点 · 历程

1.1　概述

工业化住宅具有设计标准化、生产工厂化、施工装配化、装修一体化以及管理信息化的特点。在欧美各国，由于经济状况、政治体制、技术条件、市场成熟度等方面的差异，住宅工业化之路各有不同。

住宅工业化是一种先进的住宅生产方式，其核心是要实现由传统半手工、半机械化生产转变成现代住宅工业化生产，以量的规模效应促进建筑技术的革新、住宅与居住质量的提高，从根本上降低资源与能源的消耗及对环境的影响。它与住宅产业化相互促进，对社会的发展具有推动的作用。以这一方式生产的住宅具有设计标准化、生产工厂化、施工装配化、装修一体化以及管理信息化的特点。

住宅工业化的兴起可以追溯到一个多世纪以前。在19世纪，工业革命引发了生产方式和生活方式的剧变，推动了城市化的快速进展，造成了严重的住房短缺问题。特别是第二次世界大战之后的房荒进一步加剧了对住房的需求。严峻的现实问题促使世界各国将住宅工业化作为快速建造住宅的手段。随着社会和经济的发展，住宅建设从追求数量转向追求品质，从单一化走向多样化和开放性。如今，住宅工业化不仅仅追求快速建造，还强调运用新的生产方式提高建设效率、降低能耗，获得高品质可持续的住宅。

在欧美各国，由于经济状况、政治体制、技术条件、市场成熟度等方面的差异，住宅工业化之路各有不同。如英国是发展住宅工业化最早的国家，第二次世界大战后通过工业化预制建造，快速解决了住宅紧缺问题。法国的住宅工业化最初以装配式大板住宅和工具模版现浇工艺为标志，形成了卡缪大板体系（Camus）、瓜涅大板体系（Colgnet）通用构配件制品和设备。德国也是较早探讨住宅工业化的国家之一，包豪斯的成立、现代住宅展的举办和现代建筑国际会议（CIAM）的成立对工业化住宅的发展起到了推动作用。德国的工业化住宅采用标准化定型化设计手法，创造了QP64、

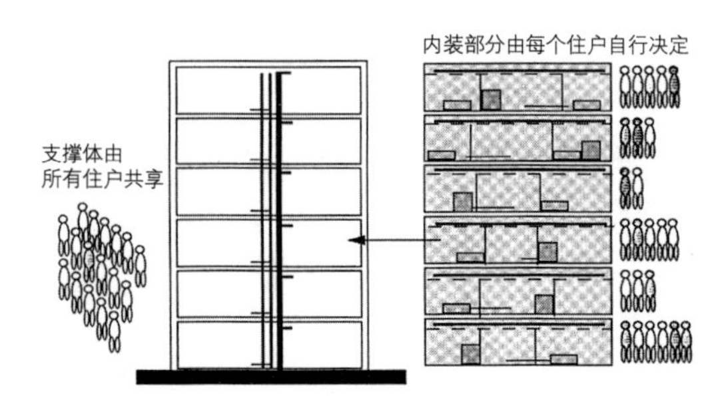

图1-1 骨架和可分体

荷兰在20世纪60年代发展了SAR理论，将住宅的建造分为骨架（Support）和可分体（Detachable Units），赋予了骨架的公共属性和可分体作为个体的多样性特征，这一理念后来发展为开放建筑理论，影响深远。日本建立了完善的部品体系，引入了荷兰的SAR理论，并发展为适应国情的SI理论指导住宅建设，逐渐发展成为住宅工业化、产业化水平最高的国家之一。

QP71、P2和WBS70等平面系列。丹麦发展形成了著名的丹麦开放住宅体系（Danish Open System Approach），其目的是建立完善的通用部品制度，并建立了"产品设计目录"。荷兰在20世纪60年代发展了SAR理论，将住宅的建造分为骨架（Support）和可分体（Detachable Units）（图1-1），赋予了骨架的公共属性和可分体作为个体的多样性特征，这一理念后来发展为开放建筑理论，影响深远。美国的住宅工业化与欧洲不同，由于其本土没有受到战争造成的住房紧缺，因此没有走欧洲的大规模预制装配道路，更注重住宅的个性化、多样化。日本在第二次世界大战后进行了预制工业化住宅的批量供应，但随着住宅品质和个性化要求的提高，住宅工业化思想发生了转变，其建立了完善的部品体系，引入了荷兰的SAR理论，并发展为适应国情的SI理论指导住宅建设，逐渐成为住宅工业化、产业化水平最高的国家之一。

纵观工业化发展历程，住宅工业化源于战后城市复兴和城市化所造成的居住需求，得力于先进的生产建造技术、设计理念和新材料的兴起。采用工业化的方式可以在短时间内迅速满足建造需求。但数量得到解决后，住宅的高品质、个性化等方面的追求日益成为主题，早期那种工业化批量复制、千篇一律的特征得到了反思，住宅工业化逐步呈现出高品质、个性化、高效率、低碳化、少污染等应对新时代发展的趋势。

比较突出的如英国20世纪末倡导的工业化建造技术MMC（Modern Methords of Construction），多采用预制的单元模块或板状构件在现场吊装装配的方式建造住宅，其重点不再是批量复制，而是以可持续发展、提高居住舒适性为大目标。

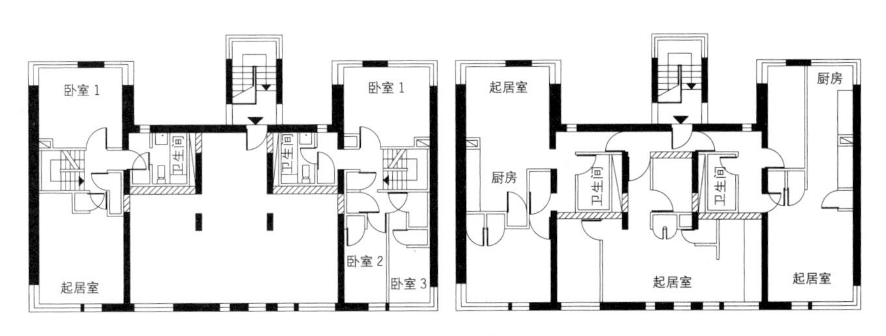

图 1-2 SAR65 标准平面

此外，荷兰诞生的SAR理论及其发展出的开放建筑理论兼顾了个人选择的多样性和集体的规模化生产，使住宅可以随着时代发展变化而进行灵活改造，展现了对未来很强的适应性和潜在力。这种方式所带来的集合住宅建设的应用性、选择的多样化和灵活改造的可能性，在世界范围内得到响应，且在日本取得了成功。我国自20世纪80年代开始也对该理论进行了学习和实践，并获得了探索性的成果。

1961年，哈布拉肯教授提出将住宅的建设分为两部分：骨架和可分体。1965年，他在荷兰成立SAR研究机构，提出了SAR65等设计方法。

1.2　欧洲工业化发展历程及特点

1. SAR和支撑体住宅

1961年，荷兰学者哈布瑞肯教授(John Habraken)出版了《骨架——大量性住宅的选择》（*De Dragers en de Mensen: het-einde van de massawoningbouw*）一书。书中，他针对第二次世界大战以后千篇一律的住宅建设进行了反思，提出按照决策层级的不同，将住宅的建设分为两部分：骨架（Support）和可分体（Detachable Units）。骨架作为支撑体，是公共性的，为集体所有；可分体是填充体，由用户决定，具有多样性的特征。他认为这种组织方式在现代集合住宅中融入了个体决策权，住宅可以随着时间和需求改变其功能和布置。

1965年，在哈布瑞肯教授的带领下，荷兰成立了“建筑研究会”，即略称“SAR”（Stiching Architecten Research）的研究组织。在理论形成阶段，哈布瑞肯教授带领SAR研究小组进行了“刺激住宅产业化”的一系列研究，研发了SAR65（图1-2）等设

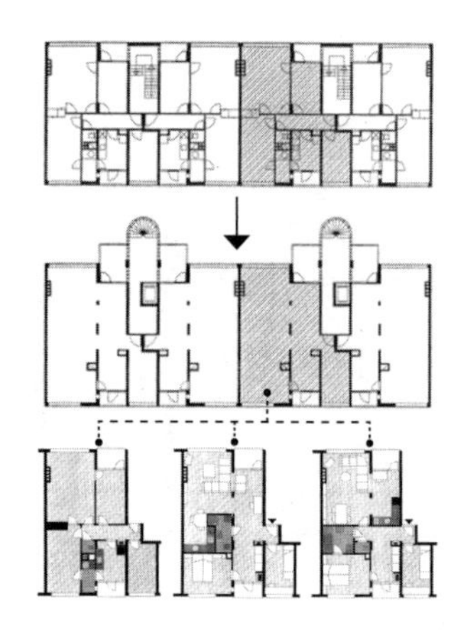

图 1-3 沃尔伯格住宅更新前后平面图及布局可能性

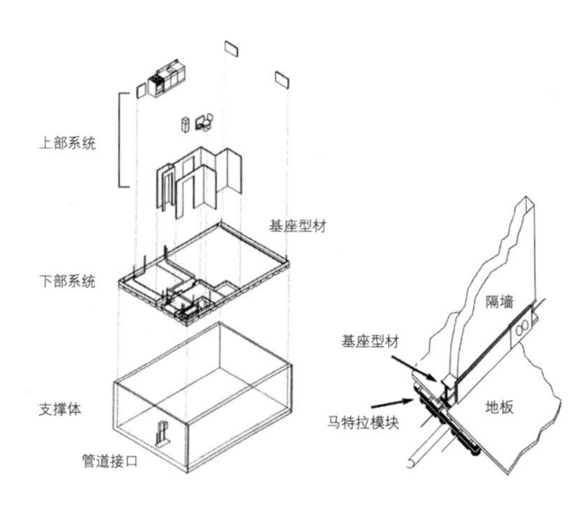

图 1-4 马特拉填充体系统

在1960年代之后的十几年间，无论是哈布瑞肯的理论研究，还是弗兰斯的实践，都将重点放在支撑体、城市肌理和设计方法上，对填充体方面的关注相对较少。

1985年，荷兰代尔夫特技术大学成立了从事开放建筑研究的专业研发机构OBOM，并研发了这一时期最为著名的填充体体系——马特拉填充体系统。

计方法。1977年，弗兰斯（Frans van der Werf）主持建成了基于SAR理论的第一个实践项目——莫利维利特（Molenvliet）住宅区。居民参与了设计的过程，一百多户住宅完全不同、各具千秋。这一尝试取得了广泛的社会影响并得到关注。

在之后的十几年间，SAR理念迅速从荷兰扩展到整个欧洲。德国、瑞典、瑞士、奥地利均有实践项目建成。这些项目基本都应用了SAR65和SAR模数协调的设计方法，采用大空间结构设计，建造高适应性的支撑体，如瑞士的新期望住宅（Neuwil）、奥地利的明日之城（Wohnen Morgen）住宅、英国的PSSHAK等，而荷兰的沃尔伯格住宅（Voorburg Renovation）则是运用开放建筑理念进行更新的著名案例（图1-3）。这些项目均以支撑体的发展为主，注重室内空间的布局灵活可变性和住户对设计的意见及感受。

在该时期，无论是哈布瑞肯这样的理论研究者，还是弗兰斯这样的理论实践者，都将重点放在支撑体、城市肌理和设计方法上，对填充体方面的关注相对滞后。

2. 开放建筑与填充体系统

20世纪70年代，石油危机的冲击大大降低了新建住宅的数量。随着危机的减退，房地产开发市场逐渐振兴。由于第二次世界大战后大量建造的住宅面临着老化的问题，城市更新一跃成为建设的主流。与此同时，SAR支撑体住宅的概念也不断完善，除了对支撑体的技术升级之外，开始重视填充体体系的研发，并逐步发展为开放建筑（Open Building）理念。

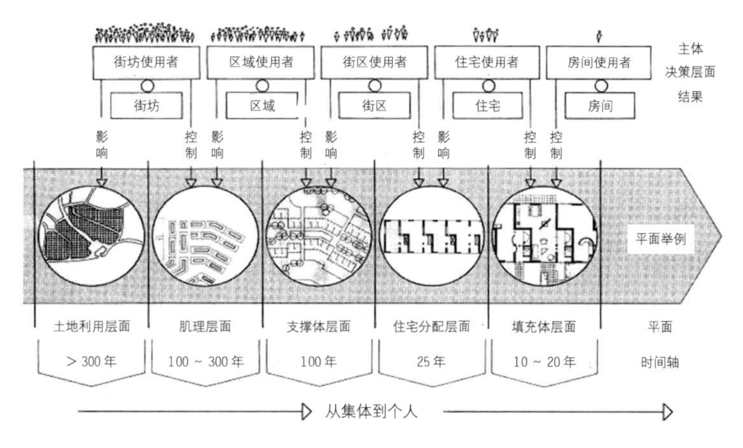

图1-5 开放建筑的概念

1985年，荷兰代尔夫特技术大学成立了从事开放建筑研究的专业研发机构OBOM（Open Bouwen Ontwikkelings Model，意为开放建筑仿真模型）,OBOM研发了这一时期最为著名的填充体体系——马特拉填充体系统（Matura Infill System）（图1-4）。

马特拉填充体系统由两个部分组成。“下部系统”（lower system）将所有的设备管线组织起来。“上部系统”（upper system）包括房门、隔墙、壁橱、固定设施和装修。其中，马特拉模块（Matrix tiles）是这个系统中极其重要的基础构件，模块中的凹槽可以组织管线的排布，同时也为“基座型材”（base profiles）的准确、快速安装创造了条件。基座型材是一种应用于隔墙底部和建筑的外墙周边的型材，也为电线的排布创造了空间。马特拉模块的设计方法使住宅内装的装配极具效率和准确性，同时便于以后的更新。

除了马特拉填充体系统外，影响较大的填充体系统还有4DEE、ERA、中间层（Interlevel）系统等。这样，通过填充体系统的完善，SAR支撑体住宅的一系列设计和建造方法逐步发展为开放建筑（Open Building）的体系。开放建筑的理论基本就是其层级理论（图1-5）。落实到人居环境，它明确划分为若干个层级，如肌理层级、骨架层级和住房分配层级等。层级越高，越具有集体性、公共性，变化的周期越长。除了多样性，还强调未来的灵活改造性，是根植于建成环境、顺应世代交替的理论和设计方法。

20世纪90年代中后期开始，开放建筑理论已经趋于完善。1996年，国际建筑与建设研究创新理事会W104执行组（CIB Working Commission W104）成立，从而建立起开放建筑理论的

马特拉填充体系统由两个部分组成。“下部系统”将所有的设备管线组织起来。“上部系统”包括房门、隔墙、壁橱、固定设施和装修。

开放建筑的理论基本就是其层级理论。落实到人居环境，它明确划分为若干个层级，如肌理层级、骨架层级和住房分配层级等。层级越高，越具有集体性、公共性，变化的周期越长。

SI 住宅体系　　　　表 1-1

S		系统	子系统	所有权	设计权	使用权
	支撑体	主体结构	梁、板、柱、承重墙	所有居住者共有财产	开发方与设计方	所有居住者
		共用设备管线	共用管线、共用设备			
		公共部分	公共走廊、公共楼电梯			

I		系统	子系统	所有权	设计权	使用权
	填充体	相关共用部分	外墙（非承重墙）、分户墙（非承重）、外窗、阳台栏板等	相邻居住者共有财产	开发方与设计方（视具体情况，居住者可以参与）	居住者
		内装部品	各类内装部品			
		户内设备管线	专用管线、专用设备	居住者的私人财产	设计方与居住者	
		自用部分	其他家具等		居住者	

1970年代，受SAR及开放建筑理论的影响，日本建立了支撑体（简称S）和填充体（简称I）分离的SI体系，特别是构建了完善的部品系统，形成了住宅产业链，成为日本住宅工业化发展的保障。

重要研究阵地。

随着社会的发展和生活方式的改变，开放建筑框架也呈现出与多元化社会思潮结合的发展趋势。如在环境可持续方面，坚持考虑资源的充分利用、利用自然能源、减少热量损耗、与环境共生。在与个性化与网络定制的结合中，通过可视化的网络订购平台，将建筑师、开发商、供货商和购房者紧密地联系在一起。在此，建筑师提供各种可能性方案供用户选购，最终按照用户的选择形成项目。还有采用用户DIY的形式，通过仅提供支撑体，由用户进行填充体方案的选择和配置的做法，尽最大可能地满足个性化的需求。

1.3　日本工业化发展历程及特点

日本第二次世界大战后面临着极大的住宅紧缺问题。从1950年代开始，日本通过发展住宅金融公库、公营住宅、公团住宅，建设了大量的公共住宅。到1973年，全国各都道府县的住宅总数都超过了其总户数。随着数量上已经基本完成居者有其屋，住宅建设的重心开始转向品质的提高。

20世纪70年代，荷兰的SAR及开放建筑理论传入日本，受其影响日本建立了支撑体（Skeleton，简称S）和填充体（Infill，简称I）分离的SI体系（表1-1），构建了完善的部品系统，形成了住宅

KEP 建造四阶段

表 1-2

	第一阶段		第二阶段	第三阶段	第四阶段
类别	外部		内部		
系统	主体结构	外围护部品	内装部品		
构件部品	梁、板、柱、承重墙、设备管线（共用）等	分户墙（非承重墙）、户门、外窗、阳台栏板、阳台扶手、阳台分户墙等	轻质隔墙、吊顶、架空地板、整体厨房、整体卫浴等相关部分	轻质隔墙、整体收纳、专用设备、专用管线等	家具、其他非系统部分（No-System）
要点	1 住宅框架主体结构； 2 公共设备及管线； 3 外围护部品		1 由居住者设计套内空间； 2 按照居住者的要求配备厨卫设备； 3 按照居住者的要求设隔墙，灵活划分套内空间	1 按照居住者的要求深化套内空间设计； 2 以规格化部品完成内装工作	居住者按照个性化需求，从住宅产品目录上选定补充性部分
示意	a		b	c	d

产业链，成为当今日本住宅工业化发展的保障。

日本在发展SI理论及建造过程中，国家机构、各地住宅供给公社等部门的科研项目起到了重要的作用，如住宅供给方式的研究有二阶段供给方式（二段階供給）、自由户型租赁（フリープラン賃貸）等；技术开发项目如SPH（Standand of Public Housing）项目、NPS（New Planning System）项目、KEP（Kodan Experimental Housing Project）项目；综合性开发项目如CHS（Century Housing System）项目、综合技术开发项目（総合技術開発プロジェクト）、KSI住宅项目等。

1. KEP项目

KEP（Kodan Experimental Housing Project）是开放建筑理论传入日本后的早期尝试，其研究从1973年持续到1981年，是通过集成住宅部品构件使住宅生产达到省力化的实验性研究成果。

KEP体系由4个子系统组成，每个子系统都建立了相应的性能规格，要求制造厂商据此开发产品。KEP计划提出了目录式住宅设计系列，通过不同部品的组合，实现住宅的灵活性与适应性，并让居住者参与到设计和建造过程中。

NPS 套型面积标准 表 1-3

面积类型	套型类型	居住需求
50m² 套型	1L 大 DK；2DK	面向单人家庭
60m² 套型	2L 小 DK；3DK	3DK 为公营住宅的主流套型
70m² 套型	2L 小 DK・S； 3L 小 DK；4DK	公营住宅选择 3LDK 作为主流套型 公营住宅选择多室的 4DK 套型供多代家庭居住
85m² 套型	3L 大 DK；3L 小 DK・S；4L 小 DK	大型起居室套型可实现公共空间的扩大 根据生活方式的不同设置储藏空间
100m² 套型	4L 大 DK；4L 小 DK・S；5L 小 DK	
注：L（Living Room）起居室；D（Dining Room）餐厅 K（Kitchen Room）厨房；S（Storage Room）储藏室		

NPS统一了模数协调方法，推行了标准设计体系，也使部品、构件的通用性和互换性得到体现。NPS的面积类型系列共5个基本类型，称为基本结构平面。通过统一进深，把规模和形态不同的住宅套型拼接起来，构成一个楼栋。

KEP体系由4个子系统组成，外墙围护系统、内部系统、卫生系统以及通风空调系统（表1-2）。每个子系统都建立了相应的性能规格，要求制造厂商据此开发他们的产品，并在住宅公团的研究中心进行了装配测试。KEP计划提出了目录式住宅设计系列（KEP System Catalogue），通过不同部品的组合，实现住宅的灵活性与适应性，并让居住者参与到设计和建造过程中。

KEP以住宅工业化技术手段作为技术保障，开发适用于该体系下的通用性部品，改变了程式化的住宅供应方式，满足了居住者对住宅灵活性与适应性的需求。

2. NPS项目

NPS（New Plan System）项目是1975年由日本建设省开发的公共住宅体系，是一种兼顾了住宅生产工业化和设计多样化的新系列。

NPS推进了模数协调方法，统一的模数成为推行标准设计体系的重要基础和前提，也使部品、构件的通用性和互换性得到体现。NPS的面积类型系列有50m²、60m²、70m²、85m²、100m²共5个基本类型，称为基本结构平面。通过统一进深，可以采用把规模和形态不同的住宅套型拼接起来，构成一个楼栋的系统。这种方法不仅可以适应不同的建筑用地形态，也考虑到了住户规模的扩增、住栋形态的变化等（表1-3）。

NPS为居住者提供了系列化的套型，促进了住宅标准化设计的发展，同时，也实现了与主体建造体系化、部品构件标准化之间的

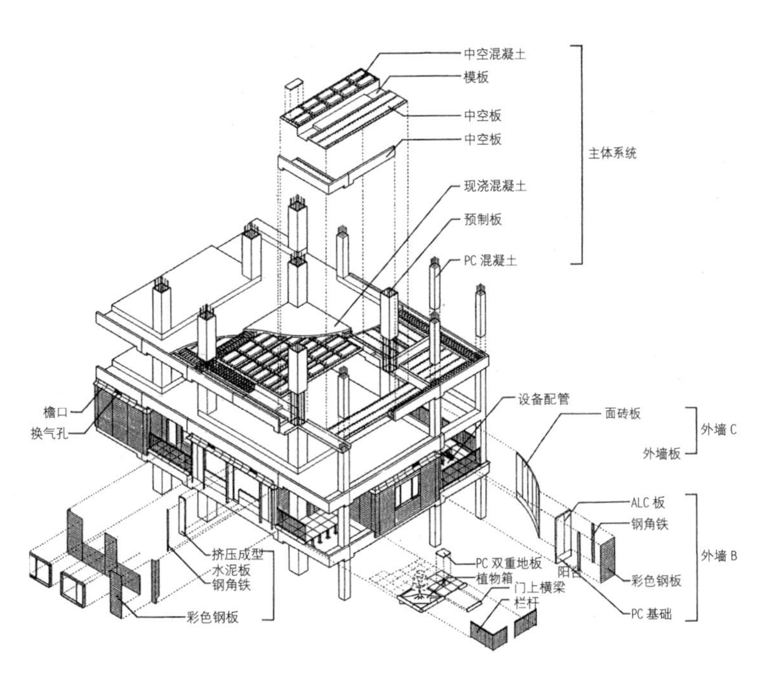

图 1-6 体系化的住宅建筑

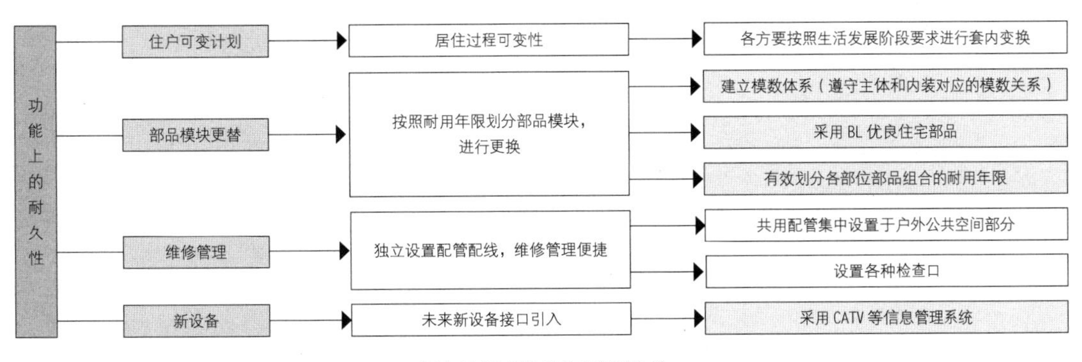

图1-7 CHS体系的功能耐久性

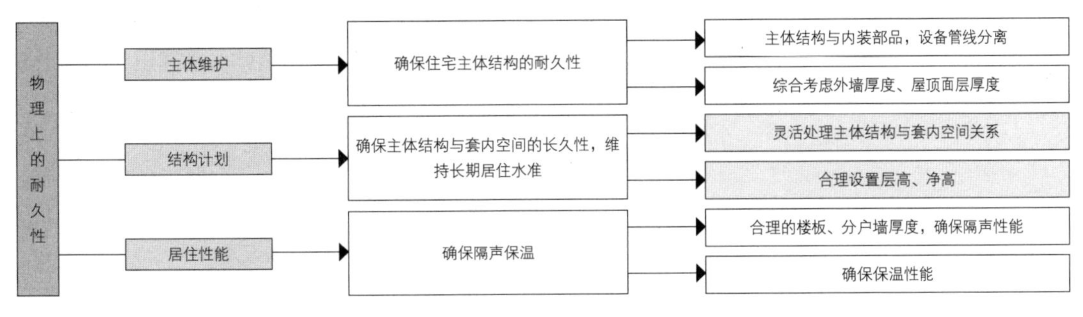

图 1-8 CHS体系的物理耐久性

图 1-9 NEXT21实验项目

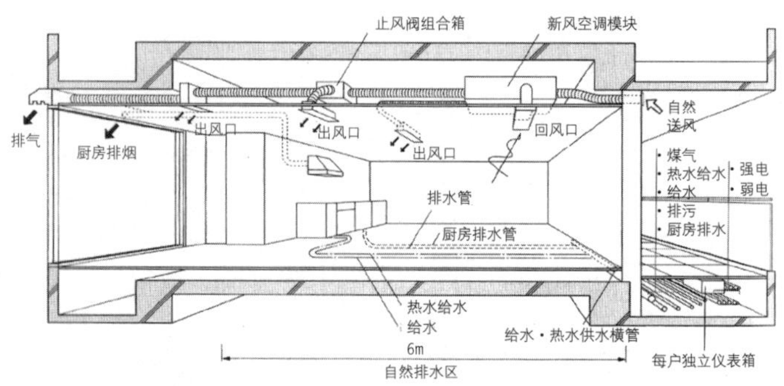

图 1-10 NEXT21实验项目剖面

协调，为创造灵活性与适应性的居住空间提供了一套方法准则，促进了住宅产业化的发展。

3. CHS项目

进入1980年代，日本社会由大量生产、大量消费向着资源节约型社会转型。日本建设省提出了住宅建设“提升计划”，开发了提高住宅耐久性和居住机能的综合性住宅供给部品化系统——百年住宅建设系统CHS（Century Housing System）。CHS吸纳了KEP关于对灵活性的思考、标准化部品的装配、用水空间和居室空间的划分等思想；综合了NPS项目关于标准化和多样化的研究；采用了通用部品，并将其进行技术集成和系统升级，最后形成了一个综合性的新的建设体系（图1-6）。

CHS住宅体系通过实施系统设计、技术措施和引入健全的维修管理系统，实现了住宅的长寿化；通过内装部品体系的构建和发展，引领了高品质住宅建设的方向（图1-7、图1-8）。

日本围绕CHS开展了“百年住宅建设系统认定事业”，从1988年起一直持续到今天，并制定了《百年住宅建设系统认定基准》。其中，百年住宅被定义为提供舒适的、可持续的居住生活，且居住者可以自行维护和更新的再利用住宅。

4. NEXT 21实验项目

1993年，工业化实验住宅NEXT21（图1-9）由大阪燃气株式会社（Osaka Gas Company）开发，以探讨适合21世纪的居住为

CHS住宅体系通过实施系统设计、技术措施和引入健全的维修管理系统，实现了住宅的长寿化；通过内装部品体系的构建和发展，引领了高品质住宅建设的方向。

NEXT21实验住宅是最有前瞻性的开放建筑实践。建筑采用高适应性结构，墙体和管线完全分离，套内完全架空，每套住宅从空间到细节设计均不相同。

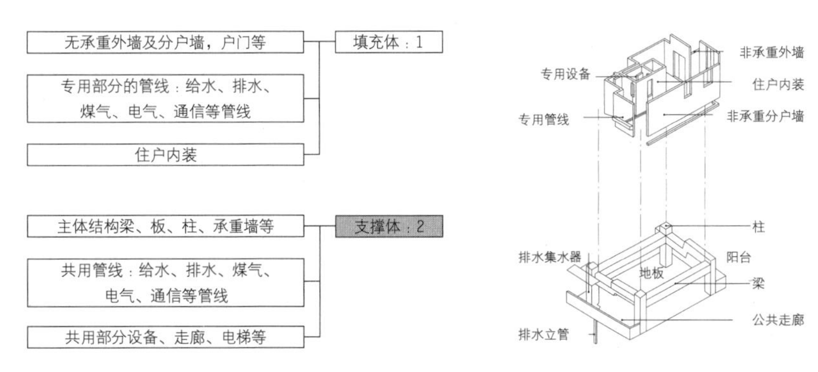

图 1-11 KSI住宅概念

议题，是第二次世界大战以来日本住宅建筑新思潮的精华集成。

NEXT21实验住宅是最有前瞻性的开放建筑实践。它将具有社会及公共属性的主体部分（支撑体——使用年限约100年）和具有私密性属性的住户内装部分（填充体——使用年限约25年）分离建造。低层部分层高为4.2m、开间为10.8m；上层部分层高为3.6m，开间为7.2m和3.6m两种组合。建筑采用高适应性结构，墙体和管线完全分离，套内完全架空，每套住宅从空间到细节设计均不相同（图1-10）。自1994年开始，该项目一直持续根据居住者需求的变化进行空间改造的实验，充分诠释了其灵活性。

NEXT21不仅满足了居住者生活方式、生活变化等多种需要，也为建筑物成为良好的社会资产提供了保障。其通过工业化构件和部品的集成，为住宅更新提供了便利，使建筑物得到充分、长期的使用，同时也降低了建筑物全生命周期的造价成本。

KSI是在技术上和设计上不断追求先进的新世纪SI住宅。KSI提出了四大社会意义：资源的可持续、生活方式变化的对应、产业化的促进和高品质街区的形成。

5. KSI适应体系

在进入21世纪前后，日本国内逐步将“支撑体 · 填充体住宅”这一概念简化为“SI住宅”，SI分别代表Skeleton支撑体和Infill填充体。KSI住宅（機構型スケルトンインフィル住宅）（图1-11）是日本都市再生机构（UR都市机构）自1998年起开始研发的一种可持续SI住宅，其中K代表UR都市机构。

KSI住宅继承了早期的研究成果，通过配套的设计思想和技术集成，突出支撑体与填充体分离的技术特点，强调空间灵活性和部品装配式，并在技术上进行了一系列的研发，如胶带电线工法、缓

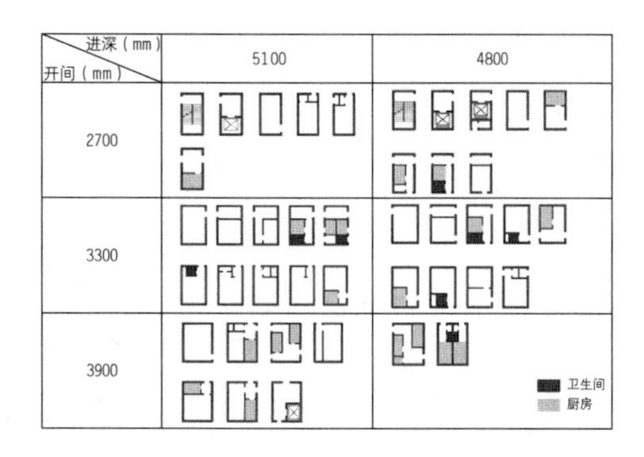

图 1-12 PC前三门大板住宅图

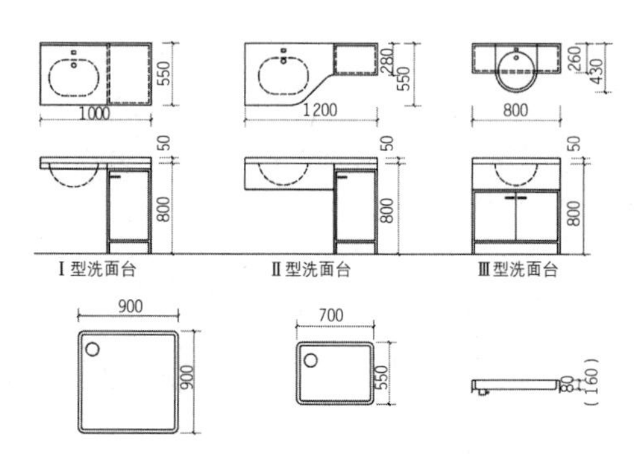

图 1-13 小康住宅小康住宅卫生间洗浴设备外形

中华人民共和国成立后，引进了苏联的建筑标准、设计方法和工业化目标，并摸索出一套快速建造住宅的方法。初期砖混住宅被大量应用，其后以发展PC大板住宅为主。这个时期发展的工业化住宅以节省成本和结构体的快速建造为重点，内装处于次要的地位，住宅产品数量少、发展程度落后，总体上水平较低。

坡排水系统、地板排烟气的实验等，它是在技术上和设计上不断追求先进的新世纪SI住宅。

KSI提出了四大社会意义：①构筑满足资源循环型社会要求的长期耐用型建筑物；②对应居住者生活方式的变化进行改变；③促进住宅产业的发展和新的供给方式的展开；④可持续的高品质的街区的形成。

经过几十年的论证和推广，日本SI住宅工业化的理论和技术不断完善和成熟，部品产业也极其发达，SI的设计方法渗透入一般的集合住宅设计中，推动了整体居住建筑质量的进步和产业的升级。

1.4 中国工业化发展历程及特点

1. 初期的PC大板住宅

中华人民共和国成立后，我国引进了苏联的建筑标准、设计方法和工业化目标，通过住宅工业化的结构体系研究和标准设计技术的建立，摸索出一套快速建造住宅的方法，以解决严重的住宅紧缺问题。初期砖混住宅被大量应用，其后以发展PC（Precast Concrete，是以混凝土预制构件经过现场装配、连接和部分现浇而成的混凝土结构）大板住宅为主。1970年代，全国展开了建筑工业化运动的“三化一改”（设计标准化、构配件生产工厂化、施工机械化和墙体改革）运动，除了砖混住宅和大板住宅以外，大模板住宅、砌块住宅、框架轻板住宅等工业化住宅建造方法也得到了不断地发

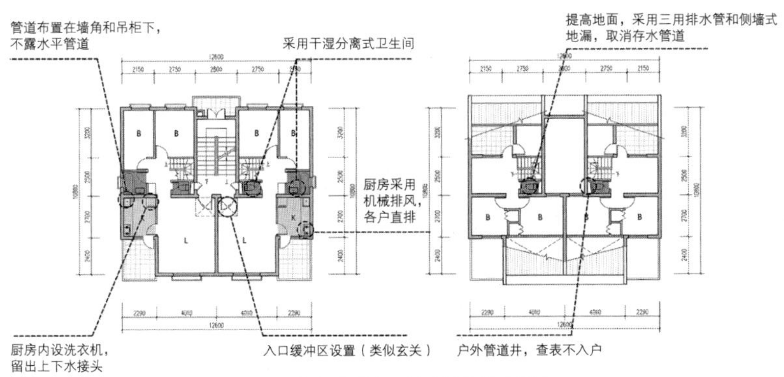

图 1-14 石家庄联盟小区试验住宅技术要点

展，住宅工业化迎来了一个建设高潮（图1-12）。但这个时期发展的工业化住宅以节省成本和结构体的快速建造为重点，很少考虑内装需求，住宅产品数量少、发展程度落后，总体上水平较低。

2. 日本JICA项目与小康住宅

1978年中共十一届三中全会之后，我国推行改革开放，国民经济进入快速发展期。国外先进的工业化体系（如SAR）被引入国内，对国外先进体系的学习、与日本等先进国家的交流和合作研究都大大拓宽了我国发展工业化住宅的视野，在继续关注结构体，发展大板、大模板等工业化住宅建造体系的同时，对内装工业化进行了一定探索。

1980年代初期的探索以支撑体、标准化为主，如天津1980年住宅标准设计的探讨、1984年全国砖混住宅方案竞赛中涌现出的关于住宅标准化和多样化的探讨、1986年南京工学院在无锡进行的支撑体住宅相关研究和实践等。与此同时，随着商品经济的兴起和人们消费水平的提高，住宅部品的开发逐渐兴盛了起来。

中日两国政府共同合作的“中日JICA住宅项目”是这个时期重要的科研课题，项目受到日本SI住宅相关理念的影响，从1988年启动，分4期工程，尤其是1期项目“中国城市小康住宅研究项目”（1988—1995年），以2000年中国的小康居住水平作为研究目标，开展了居住行为实态调查、标准化方法研究、厨房卫生间定型系列化研究、管道集成组件化研究、模数隔墙系列化研究、模数制双轴线内模研究，并开展了全国双轴线住宅设计竞赛、模数砖研究。

“中日JICA住宅项目”中，1期的“中国城市小康住宅研究项目”以2000年中国的小康居住水平作为研究目标，开展了居住行为实态调查、标准化方法研究、厨房卫生间定型系列化研究、管道集成组件化研究、模数隔墙系列化研究、模数制双轴线内模研究。

其提出的小康住宅十条标准，被誉为住宅发展的指针、建设的标准，影响至今。

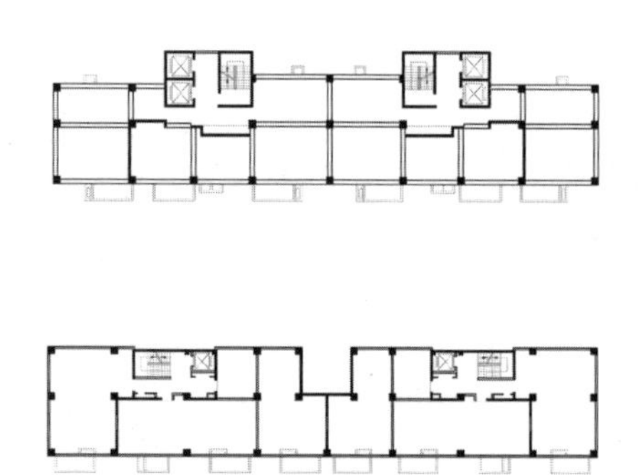

图 1-15 万科新里程项目 20 号楼（上图）、21 号楼（下图）

图 1-16 创智坊（二期）由标准化模块组合的立面

万科产业化研究基地相继研发、建成了5个实验楼，对预制厨卫、同层排水等工业化技术进行了实验。新里程项目20号楼、21号楼成为万科推进工业化住宅建设的第一个试点。

针对当时的住宅设计误区提出了公私分区、动静分区、干湿分区的设计原则；大厅小卧、南厅北卧、蹲便改坐便、直排换气等具体做法，这在当时都是超前的、突破性的，尤其是最后提出的小康住宅十条标准，被誉为住宅发展的指针、建设的标准，至今仍影响着开发建设行业（图1-13、图1-14）。

与小康住宅同时期的课题有我国“八五”期间重点研究课题《住宅建筑体系成套技术》中的《适应性住宅通用填充（可拆）体》研究，还有天津研发的99TS住宅体系等，均采用了支撑体与填充体分离的策略，是在SAR理论消化吸收的基础上，根据现实条件做出的出色成绩。

3. 企业的尝试

商品住宅20年的蓬勃发展，使房地产业迅速成为国民支柱产业，但传统的粗放建设方式也暴露出了严重问题，二次装修则呈现出乱拆乱建的混乱现象。在新的发展形势下，1996年建设部开始提出并宣传“住宅产业现代化”，将住宅产业化作为解决我国住宅问题的方法。1999年国务院发布了《关于推进住宅产业现代化提高住宅质量的若干意见》（国办发[1999]72号）文件，明确提出要促进住宅建筑材料、部品的集约化、标准化生产，加快住宅产业发展。在国家的推动下，越来越多的企业投入到住宅产业化的浪潮中。

万科是国内较早开始探讨住宅工业化的开发商，2004年成立了工厂化中心，随后启动了“万科产业化研究基地”，相继研发、建成了5个实验楼，对预制厨卫、同层排水等工业化技术进行了实验。

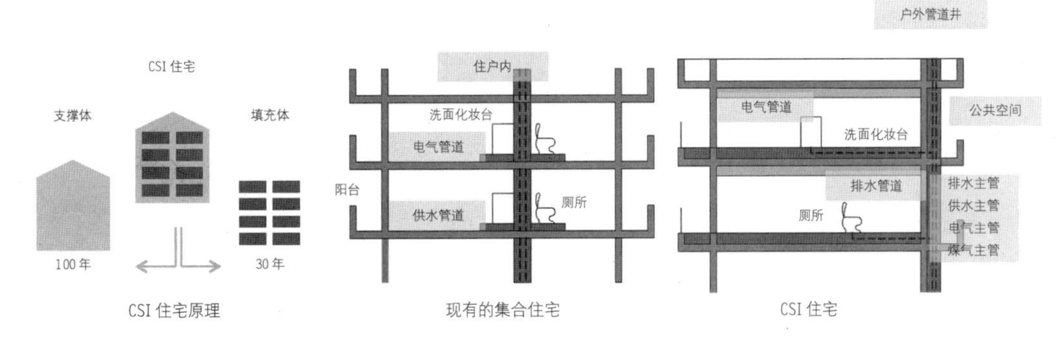

图1-17 CSI住宅原理示意图

2007年，由万科集团开发的新里程项目20号楼、21号楼成为万科推进工业化住宅建设的第一个试点（图1-15）。随着之后5年项目的建设，万科对工业化工法和技术的实验也逐步深入，从探索非承重构件的工业化逐步转向探索部分承重构件的工业化。

2002年5月，建设部住宅产业化促进中心正式推出了《商品住宅装修一次到位实施细则》，明确规定逐步取消毛坯房，直接向消费者提供全装修成品房。虽然精装修成品住宅并不等同于工业化住宅，其施工方式仍以传统手工湿作业为主，结构和内装系统不分离、管线和墙体不分离、内装无法随意更换，无法实现动态改造、无法保持长期优良性，但由于省去了自主装修带来的问题，逐渐受到社会的认可，这为住宅工业化提供了良好的接受基础。

这个时期对于工业化住宅布局和外观多样化的要求也逐步提高，如创智坊项目（图1-16）中，对工业化集成模块立面进行了探讨，引进了香港成熟的装配式混凝土建筑技术，成为我国第一个用夹层保温预制结构的项目。

由于国家的推动、市场的成熟、居民的需求，众多民企在住宅产业化推进的过程中起到了重要作用，房地产公司实践企业科研成果；住宅部品商则整合住宅产品提供精装修解决方案。虽然企业受经济和市场的影响较大，同质化竞争的现象较为严重，同时单个企业只能作为产业链的一个或几个环节，标准和体系不统一。但是经过这个阶段的发展，“住宅工业化”“住宅产业化”的观念进一步深入社会，在一定程度上改变了居民的固有思维模式，并在技术和产品等层面取得了进步。

CSI关于支撑体和填充体分离的要求更为彻底，对住宅内装工业化也更为重视，强调结构、设备、管线、内装的综合和技术的集成。雅世合金公寓的实践体现了其建造原则。

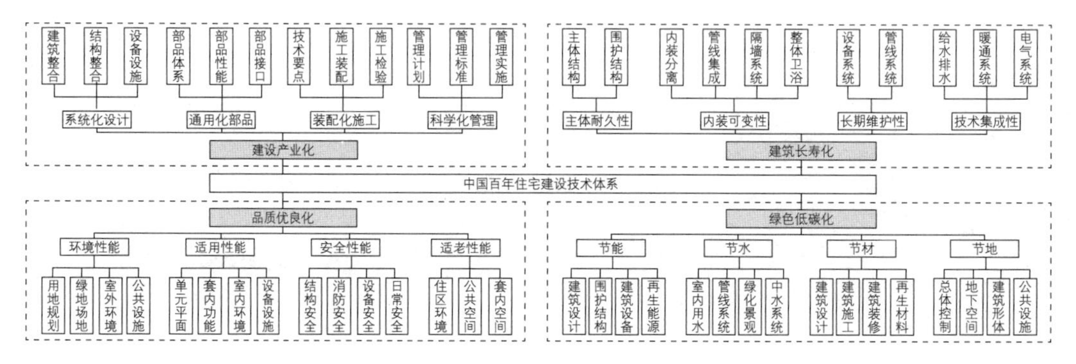

图 1-18 百年住宅构架图

“中国百年住宅技术体系”是一个开放的概念，它以SI分离理念为引导，干式工法为基础，全面实施主体与内装工业化。中国百年住宅的技术体系主要包括四部分：建设产业化、建筑长寿化、绿色低碳化和品质优良化。通过诸多新技术，最终让居住者得到更好的生活空间、更优的生活质量、更高的生活品质。

4. CSI及百年住宅

进入21世纪以后，在全球可持续发展和绿色建筑的概念影响下，我国支撑体和填充体分离的住宅设计理念得到了进一步推进。

2006 年，中国建筑设计研究院提出了我国工业化住宅的“百年住居LC 体系”（Life Cycle Housing System）。研发了保证住宅性能和品质的新型工业化应用集成技术。2009年，在第八届中国国际住宅博览会上，中国建筑标准设计研究院建造了概念示范屋——“明日之家”，以样板间的形式，展示了百年住宅的各项技术，为技术的落地做了铺垫。2010年，住房和城乡建设部住宅产业化促进中心颁布了《CSI 住宅建设技术导则（试行）》，提出了中国SI住宅的概念（图1-17）。CSI关于支撑体和填充体分离的要求更为彻底，对住宅内装工业化也更为重视，强调结构、设备、管线、内装的综合和技术的集成。该时期的建成项目中，雅世合金公寓实践了可持续的建造原则，引起了很大的社会反响。

用住宅工业化方式建造保障性住房也是住宅与可持续发展领域的一个前沿研究方向。北京市《关于推进本市住宅产业化的指导意见》提出2010年将有50万m^2政策房试点住宅产业化，16万m^2的公共租赁住房将实施产业化生产。众美光合原著项目作为我国首例实施SI住宅技术的公共租赁住房示范项目，项目实践了工业化、模块化设计，采用集成卫浴等工业化部品，实践了户外管道井、同层排水等工业化技术，采用了空间可变性高的大跨度空间，套型内部尽量采用轻体墙，以方便住户灵活分隔空间。

2010年2月，中国房地产业协会与日本日中建筑住宅产业协议会签署了《中日住宅示范项目建设合作意向书》，就促进中日两国在住宅建设领域进一步深化交流、合作开发示范项目等达成一致意见。2012年，中国建筑标准设计研究院通过长期研究与实践，提出了“中国百年住宅技术体系”并付诸实践。

“中国百年住宅技术体系”是一个开放的概念，它以SI分离理念为引导，干式工法为基础，全面实施主体与内装工业化。在整个设计过程中，设计者会根据市场需求、项目定位、成本控制进行技术应用的调节，在各个项目中会有不同的实施内容。同时，各级政府在制订的相关政策中，将内装工业化和主体工业化并行提出，进一步推动了住宅工业化面向全方位发展的方向。

中国百年住宅的技术体系包括：建设产业化、建筑长寿化、绿色低碳化和品质优良化（图1-18）。通过诸多新技术，最终让居住者得到更好的生活空间、更优的生活质量、更高的生活品质。

建设产业化强调系统化设计、通用化部品、装配化施工、科学化管理。系统化设计也可以表达为以“标准化设计”为基础，模数化设计为前提。建筑长寿化包括主体耐久性、内装可变性、长期维护性、技术集成性四个方面。SI主体与管线分离系统保障了主体的长寿和内装的可变性及灵活性。绿色低碳化包括节能、节水、节材和节地，这四部分内容根据每个项目的不同进行分析，实施的每一个“百年住宅”项目都通过了绿色三星认证。 品质优良化包括环境性能、适用性能、安全性能、适老性能。“百年住宅”希望居住者从小孩子的时候就住在里面慢慢长大，房子的功能空间伴随着居住者“共同成长”。老年人随着身体机能的下降，对适老化的功能需求会更为关注，所以建筑内部全部推行适老化通用设计。

回顾我国的住宅工业化发展历程，与世界各国相类似，也伴随着解决大量住房问题的迫切需求而展开，并随着社会环境的变化和居民生活水平的提高逐步进入新的阶段。住宅工业化不仅包含主体结构构件的预制装配，也需要完善内装部品产业链的支撑，涉及一系列体系原则、设计方法、关键技术的应用。

新时期住宅工业化的探索不仅要转变生产方式，还要追求住宅的高品质、高效率和可持续发展，为居民打造可随需求自由维护、更新、改造的优良长寿住宅是永恒的课题。

住宅工业化不仅包含主体结构构件的预制装配，也需要完善的内装部品产业链的支撑，涉及一系列体系原则、设计方法、关键技术的应用。新时期住宅工业化的探索不仅要转变生产方式，还要追求住宅的高品质、高效率和可持续发展。

第 2 章　总则

2.1　工业化住宅设计的基本原则

2.1.1　工业化住宅建造的特点

工业化住宅建造的特点包括六个方面的内容，分别为建造流程综合化、技术策划全面化、设计集成标准化、生产供应工厂化、施工安装装配化以及管理维护信息化。

1. 建造流程综合化

与传统住宅的建设流程相比，工业化住宅建筑的建设流程更全面、更精细、更综合。它增加了技术策划、工厂生产、一体化装修、维护更新等过程，强调了建筑（含内装）设计和工厂生产的协同、主体施工和内装修施工的协同。具体包含了从构件和部品的生产到选型，从结构到设备及内装的集成设计，从技术方案到实施等全过程（图2-1）。

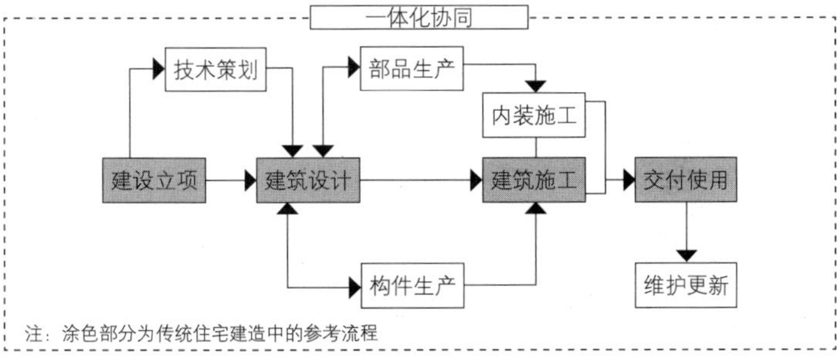

注：涂色部分为传统住宅建造中的参考流程

图 2-1 工业化住宅建造参考流程

工业化住宅的建造需要建设、设计、生产、施工、管理等单位密切配合、协同工作并全过程参与。

2. 技术策划全面化

工业化住宅建筑设计过程中，设计单位应充分考虑项目定位、

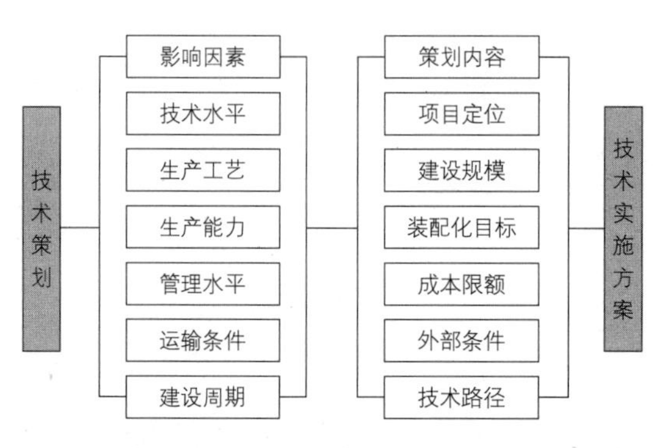

图 2-2 工业化住宅技术策划要点

建设规模、装配化目标、成本限额以及各种外部影响条件，制定合理的建筑概念方案，提高预制构件的标准化程度，并与建设单位共同确定技术实施方案，为后续的设计工作提供依据（图2-2）。

3. 设计集成标准化

集成设计应考虑不同系统、不同专业之间的影响。主体结构系统、外围护系统、设备与管线系统和内装系统均应进行集成设计，提高集成度、施工精度和效率。各系统设计应统筹考虑材料性能、加工工艺、运输限制、吊装能力等要求。建筑、结构、给水排水、暖通空调、电气、智能化和燃气等专业应采用标准化设计并保持协同始终（图2-3）。

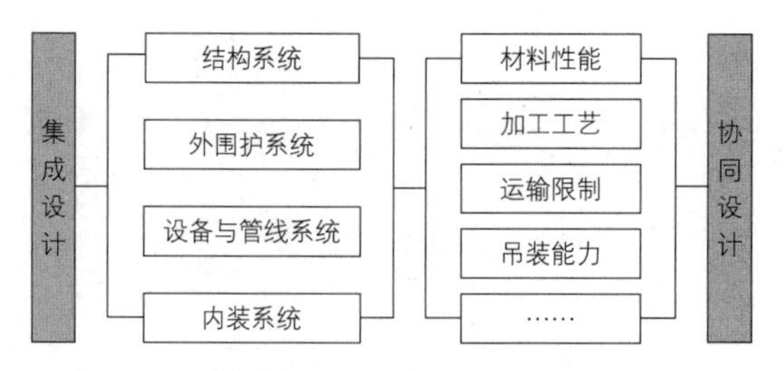

图 2-3 工业化住宅集成设计要点

4. 生产供应工厂化

构件、部品部件应根据设计总体要求，进行系统化设计，在符合工业化生产流程基础上，提高产品的集成化、模块化、标准化程度，提高施工安装和使用维护的便利性。构件、部品部件的工厂化

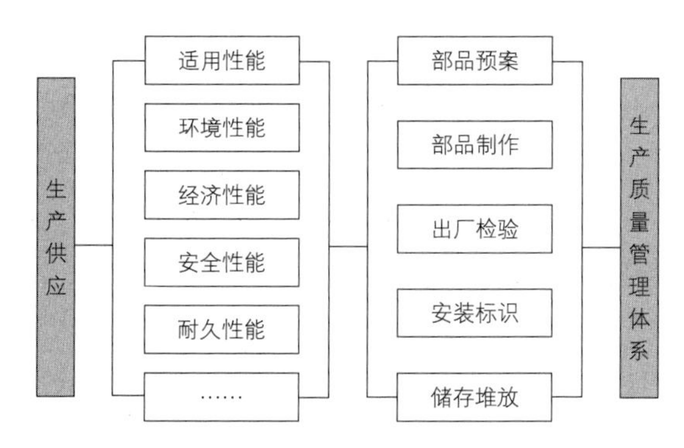

图 2-4 工业化住宅生产供应要点

生产应建立完善的生产质量管理体系，设置产品品质标识，提高生产精度，保障产品质量。应满足适用性能、环境性能、经济性能、安全性能、耐久性能等要求，并同时保障适老及无障碍的需要。为确保装配品质与精准供应，应从部品预案、部品制造、出厂检验、包装标识、储运堆放五方面进行控制（图2-4）。

5. 施工安装装配化

工业化住宅的施工应采用同步施工方式。同步施工及分部验收是保证装配式建筑工程施工效率行之有效的措施，总包单位及各分包单位应相互配合，促进同步施工的实施。

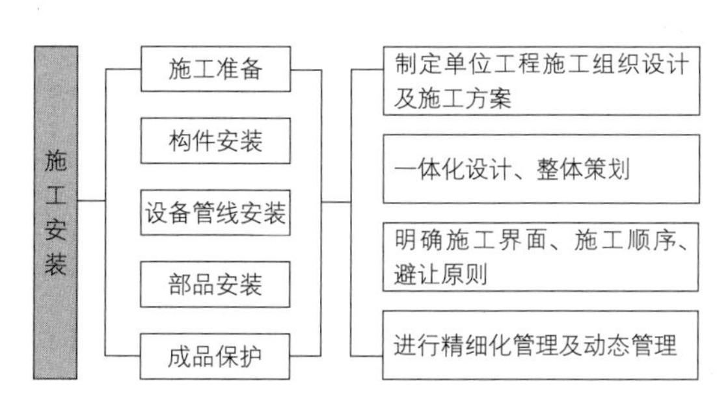

图 2-5 工业化住宅施工安装要点

同时，施工安装还应协同结构系统、外围护系统、内装系统、设备与管线系统，根据建筑主体工程特点制定单位工程施工组织设计及施工方案，且应遵守设计、生产、装配一体化的原则进行整体策划，明确各分项工程的施工界面、施工顺序与避让原则，总承包单位应对装配式内装修施工进行精细化管理及动态管理（图2-5）。

工业化住宅工程的施工应采用标准化工艺、工具化装备，满足可逆安装、易维护的要求。

6. 管理维护信息化

内装系统工程宜与结构系统工程同步施工，分层分阶段验收。分户质量验收，即“一户一验”，是指住宅工程在按照国家有关规范、标准要求进行工程竣工验收时，对每一户住宅及单位工程公共部位进行专门验收；住宅建筑分段竣工验收是指按照施工部位，某几层划分为一个阶段，对这一个阶段进行单独验收。

在使用与维护方面，应采用信息化手段，建立建筑、设备与管线等的管理档案。同时，为保证工业化住宅建筑安全性、功能性和耐久性，为业主或使用者提供方便，需提供《建筑质量保证书》和《建筑使用说明书》。

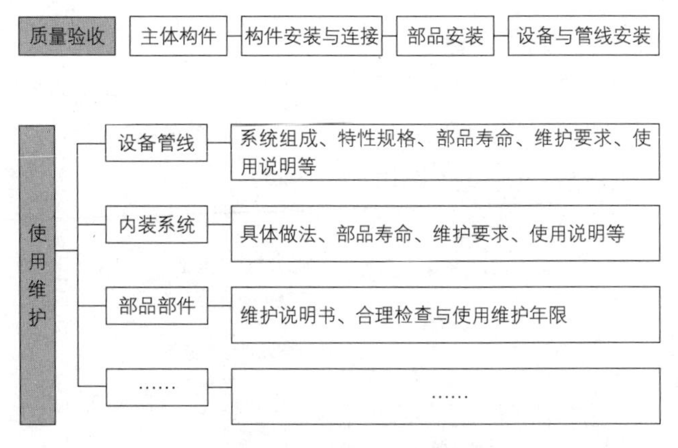

图 2-6 工业化住宅质量验收与使用维护要点

其中，《建筑使用说明书》中应包含二次装修、改造的注意事项、允许业主或使用者自行变更的部分与禁止部分。如设备与管线的系统组成、特性规格、部品寿命、维护要求、使用说明等；内装系统做法、部品寿命、维护要求、使用说明等；建筑部品部件生产厂、供应商宜提供产品使用维护说明书，主要部品部件宜注明合理的使用和检查维护年限（图2-6）。

2.1.2　基本原则

工业化住宅的设计与建造应遵循七大基本原则，分别为标准化、独立与分离、耐久性、可变性、连接性、维护与管理以及可持续性。

工业化住宅建造坚持以下七大原则：

采用标准化设计，产品零件的尺寸统一

1. 标准化

标准化设计是指建筑设计和建造、部品生产和使用应该满足标准化设计的原则，采用工业化标准构件，进行模数协调设计和标准化建造、改造。

如果不遵循合理的标准设计，建筑与部品、部品与部品之间就无法顺利组装。标准不适当，或在尺寸与规格上过于随意的话，部品的种类就会变得庞大无序，无法获得由少种类大批量生产体制所带来的效果。

2. 独立与分离

工业化住宅体系与部品技术的一大特征是预留单独的配管和配线空间。不把管线埋入结构体里，从而方便检查、更换和追加新的设备。

管线设备与结构分离，方便维修更换

3. 耐久性

为实现建筑的耐久性，工业化住宅体系和部品技术规定应采取措施以提高材料和结构的耐久性能。基础及结构应结实牢固，具有良好的耐久性。为提高耐久性，可以采取加大混凝土厚度，以涂装或装修加以保护，对于木结构应进行防湿、防腐、防蚁处理等措施。

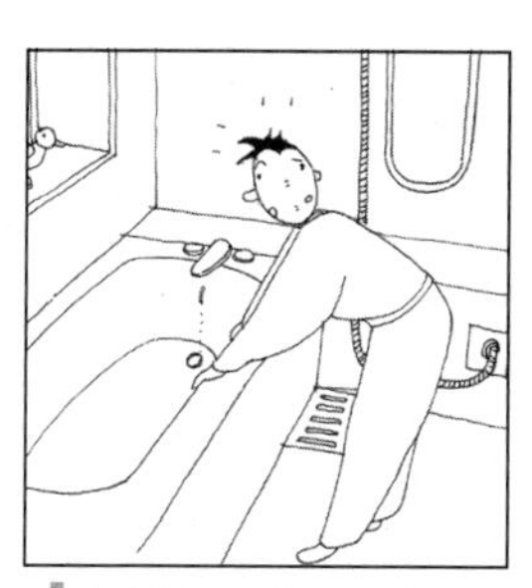

标准化接口，部品与设备更改方便

4. 可变性

空间具备可变性，居室的大小格局可以改变

可变性原则是指尽量将建筑分为固定区域和可变区域，固定区域中的固定指的是功能相对固定，而非设施的固定，如厨房、卫浴、楼梯、电梯等。对可变区域进行更改从而使建筑具备可变性。如在住宅建筑中，将住宅的居住领域与厨、厕、浴的用水区域分开，通过提高住居区域的可变自由度，居住者可以根据自己的爱好和生活方式进行分隔，也可配合高龄化带来的生活方式的变化进行变更，让住宅具有长期的适应性；在办公建筑中，将辅助区域与使用空间分开，通过提高使用空间的可变自由度，应对未来改造的需求。

5. 连接性

支撑体具备耐用性和开放性

新型建筑体系与部品技术中，通过更新设施和部品以实现建筑的更新。连接原则指通过一定的构造方式，在不损伤建筑本体的前提下更换部品。需要将构成住宅的各种构件和部品按照耐用年限不同进行分类，设计上应该考虑好更换耐用年限短的部品时不能让墙和楼板等耐用年限长的构件受到损伤，以此决定安装的方法和采取方便维修的措施。

建立有计划的维护管理体制

6. 维护与管理

工业化住宅要求建立完善的维护管理机制，以保证建筑的长期优良性并便于维护和改造。从构造和管理两个方面建立有计划性的维护管理支援体制。应建立长期修缮计划和日常检修计划，确保实行管理、售后服务及有保证的维护管理体制。

7. 可持续性

要考虑环保因素。满足节能需求，积极选用可以循环利用的部品和建材，抑制室内空气污染物质，做好环保计划，应对可持续发展的需求。

2.1.3　必要性及意义

以工业化方式进行住宅的设计与建造是必要且具有现实意义的，具体体现为工业化生产建造方式是推动住宅产业化发展的重要途径；支撑体与填充体体系分离的建造特征有助于实现住宅的长寿化与可持续优化；另外，工业化住宅的可维护性与灵活性有助于实现资源能源的充分利用，保证建筑的长期优良性。

1. 工业化生产建造方式

对于住宅行业而言，推动工业化生产建造方式的升级，是解决我国传统建造方式问题的迫切需求，是发展住宅产业化、实现可持续发展的重要途径。从现状来看，我国住宅建设仍存在着大量非标准化的、手工作业的传统建造方式，质量差、效率低、难以维护维修、环境污染严重，并且存在安全隐患。因此，必须改变住宅的生产方式，以工业化生产的方式取代现场的粗放手工作业。

根据联合国定义的工业化标准，包括生产的连续性、生产物的标准化、生产过程的集成化、工程建设管理的规范化、生产的机械化、技术科研生产一体化，工业化住宅的建设应符合建筑全寿命周期的可持续原则，满足建筑设计标准化、生产工厂化、施工装配化、装修一体化和管理信息化等全产业链工业化生产的要求。这种生产建造方式的转变，不仅能够提高效率降低成本，而且能够保证质量和品质，减少资源浪费及保护环境，加快生产工厂化和产业化发展，对于提高住宅的建设质量和效率、改善居民生活水平、推进我国住宅工业化进程均具有极为重要的意义。

2. 支撑体与填充体体系分离

在传统的住宅建造中，结构与管线一体的建造是造成住宅独立性不强、难于维护、不适合更新和改造的主要原因。因此，工业化住宅采用SI的支撑体和填充体相分离的建设体系，将管线独立设置，既可以满足建筑的多样化与适应性需求，也解决了建筑因多次装修时剔凿结构体造成的安全隐患，保证了建筑全生命期过程中主体结构的安全。

在该体系的基础上，应根据支撑体与填充体的特征与组织模式进行明确的划分，即支撑体具备耐久性、公共性的特征，是不允许住户随意变动的部分；填充体具备灵活性、专有性的特征，是住户在住宅全寿命期内可以根据需要而灵活改变的部分。这使得住宅在不损害结构、不影响其他住户的情况下，可以自由地进行改造和更新，满足时代发展的需要和住户需求的变化。

通过体系的分离，大空间、高耐久性的支撑体为可变性创造了条件。填充体灵活可变，可以通过局部或整体的更换完成建筑的更新，方便了用户进行改造与可持续的优化，有助于实现住宅的长寿化、多样化及灵活可变。

3. 可维护性与灵活性

住宅建成并投入使用后，随着时间的推移，难免会出现内装和设施老化、落后的现象。传统方法建造的住宅往往缺乏可变性、各个部分无法相互独立地进行维护和更新，设备管线部分检修困难，整体拆改资源浪费的情况难以避免。而随着时代的发展、技术的更新及未来环境的变化，使用者的生活方式也发生着改变，一成不变的建筑难以满足长期发展的要求。因此，住宅必须具备可更新、改造的柔韧性和灵活性。

其中，工业化的生产与装配式的施工为可维护性的实现提供了基础。工业化住宅应从构造和管理两个方面入手，建立定期的、合理的、长期的维护管理机制，建立长期修缮计划和日常检修计划，真正实行管理、售后服务及有保证的维护管理体制，以保证建筑的长期优良性，实现资源的最大化利用和维修管理的便捷性。

支撑体与填充体的体系分离则有助于建立实现住宅灵活多样的基本机制。这也是考虑到环保与可持续发展方面的要求，使得住宅的建设不仅满足近期的使用需求，而且可以灵活地应对居民的多样性和不同家庭在不同阶段的需求。

可维护性与灵活性方面的基本原则要求，保证了使用过程中住宅具有维修、改造、更新、优化的可能性和方便性，以便延长住宅使用寿命，提高品质，实现资源能源的充分利用，使住宅成为优良的社会资产和家庭资产。

2.2　主体结构体系设计基本原则

结构体系属于SI住宅体系中的支撑体S（Skeleton）部分。工业化住宅建筑的主体结构设计除了要保证建筑的安全性和耐久性以外，还需要最大可能地满足建筑使用功能的合理性，努力在建筑全寿命期内提供性价比高的建筑空间使用条件。主要内容包括：结构体系的选择应保证建筑功能空间组合的合理性和适度的可变性；确定合理的装配率；采用工厂化生产和装配化施工；实现主体结构的高耐久性。

主体结构体系是工业化住宅体系中支撑体的部分，其设计基本原则主要包括四个方面：结构体系的选择应保证功能空间组合的合理性和适度的可变性；确定合理的装配率；采用工厂化生产和装配化施工；实现主体结构的高耐久性。

1. 保证功能空间组合的合理性和适度的可变性

在住宅建筑中采用适合大开间和大进深、满足灵活空间组合要求的主体结构已经成为一种发展趋势，框架结构、框架—核心筒结构等均可以满足建筑对空间的使用要求，并通过主体结构系统与其他组成建筑的各系统间相互协调及建筑部品部件间的尺寸协调的方式来实现住宅建筑的精细化设计。这种设计思维和方法在工业化住宅建筑的设计中是需要提倡的。

2. 确定合理的装配率

工业化住宅建筑设计应确定合理的装配率、适宜的预制部位与部件种类。随着装配率的加大，施工安装的精准度要求也逐渐提高。

在技术方案合理且系统集成度较高的前提下，较高的装配率能带来规模化、集成化的生产和安装，可加快生产速度，降低人工成本，提高产品品质，减少能源消耗。当技术方案不合理且系统集成度不高，甚至管理水平和生产方式达不到预制装配的技术要求时，片面追求装配率反而会造成工程质量隐患、降低效率并增加造价。

因此，不能片面追求装配率的最大化，应根据使用功能、经济能力、构件工厂生产条件、运输条件等分析可行性。

3. 采用工厂化生产和装配化施工

相较于传统施工作业施工质量不高、环境负荷大的问题，工业化住宅主体结构应减少湿作业，通过工厂生产、现场拼装的方式，保证施工质量，提升施工效率，减少建筑垃圾和污染。

主体结构应尽量采用简洁的结构设计，并考虑体现结构形式特点的平面设计，如减少内承重墙体、结构体系规整化，优化梁柱分布等具体措施。工业化住宅的主体部件如结构梁柱、外围护体、外门窗、楼梯、阳台等，在工厂或现场预制、装配化施工，提高施工效率和施工质量。

4. 实现主体结构的高耐久性

工业化住宅注重物理耐久性和功能耐久性。物理耐久性可以通过提高结构设计使用年限来实现，工业化住宅提倡以符合结构设计使用年限100年的要求进行计算。我国目前在耐久性设计和施工方面存在着诸多问题，很多工程竣工使用后远未达到设计使用年限，就开始大规模维修，造成资源能源消耗和人力财力浪费。

住宅可持续发展建设也依赖于建筑主体结构的坚固性，工业化住宅中具有耐久性的建筑支撑体部分可以大幅增加主体结构的安全系数。具体可以通过提高材料耐久性、提高设计规格水平、采用高耐久性构造方法等实现耐久性的提升。同时，结构构件的设计和建造应因考虑建造地点的特殊条件，针对地域特征和气候条件，适当采取防止高温、冻害、盐渍等措施。

2.3　内装体系设计基本原则

住宅内装工业化系统基于支撑体和填充体完全分离的SI住宅体系，把组成住宅内装的若干部件简化为若干工业化填充部品（图2-7）。住宅内装工业化是工业化住宅大规模生产与定制的重要组成部分，也是解决标准化、大批量生产和住宅多样化、个性化之间矛盾的重要途径。工业化内装质量稳定、效率高、污染少，可提升居住品质与舒适性，更能满足未来灵活可变的需求。

内装体系是工业化住宅体系中填充体的部分，也是大规模生产与定制的重要组成部分。内装体系设计的基本原则主要包括四个方面，分别为一体化原则、集成化原则、通用化原则以及装配化原则。

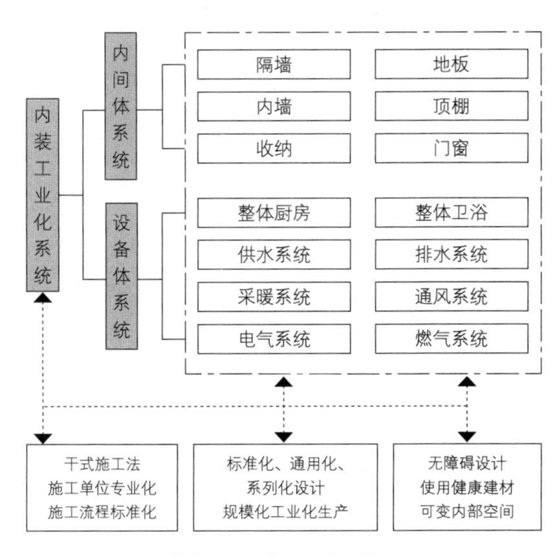

图 2-7 内装工业化系统构成

1. 一体化

工业化内装应遵循建筑、装修、部品一体化的设计原则，推行工业化内装标准化、模数化、通用化，进行同步协同设计。具体应协调建筑、结构、给水排水、供暖、通风和空调、燃气、电气、智能化等各专业的要求，对设计、生产、安装和运维各阶段进行统筹。

2. 集成化

实现以集成化为特征的成套供应及规模生产，实现内装部品、厨卫部品和设备部品等的产业化集成。具体应对楼地面系统、隔墙系统、吊顶系统、收纳系统、厨房系统、卫生间系统、门窗系统、设备和管线系统等进行集成设计。

内装集成设计和部品选型应按照标准化、模数化、通用化的要求，以科学的规格、合理的组合方式，实现内装系列化和多样化，除了满足使用功能外，还应着重解决部品的规格、组合方式、安装顺序、衔接措施，并应按照生产和安装的要求进行优化设计。

工业化住宅采用设备管线与建筑结构体相分离的方式，以实现套内空间布置的灵活可变，同时满足低能耗、高品质、长寿化、可持续的要求。在设计中，应满足合理选型、集成化设计、与主体结构分离的基本要求。

3. 通用化

工业化住宅内装体系应具有通用性，设计应满足部品装配化施工的集成建造要求，部品应在满足易维护要求的基础上，具有互换性。内装部品体系应采用模数化、标准化的工艺设计，并执行优化参数、公差配合和接口技术等有关规定，以提高其互换性和通用性，并在更换时不影响其他住户。

4. 装配化

内装部品配件应以工厂化加工为主，部品安装应满足干法施工的要求。现场采用干式工法施工是装配式内装的核心。我国住宅传统装修行业具有现场湿作业多、施工精度差、工序复杂、建造周期长、依赖现场工人水平和质量难以保证等问题，装配式内装与干式工法作业，可实现装修的高精度、高效率和高品质。

2.4 管线分离要求

在传统的住宅建筑设计与施工中，一般均将室内装修用设备管线预埋在混凝土楼板和墙体等建筑结构中，在后期长时期的住宅使用维护阶段，大量的住宅虽然建筑结构体仍可满足使用要求，但预埋在建筑结构体中的设备管线等早已老化无法改造更新，后期装修剔凿建筑结构体的问题大量出现，也极大地影响了住宅建筑使用寿命。

因此，工业化住宅提倡室内装修、设备管线与建筑结构体的分离方式，实现套内空间布置灵活可变，同时兼备低能耗、高品质和长寿命的可持续住宅建筑产品优势。在设计中，应注意满足合理选型、集成化设计、与主体结构分离等基本要求。

1. 合理选型

工业化住宅中设备与管线的设计也应注重部品通用性和互换性的要求。应选用耐腐蚀、使用寿命长、降噪性能好、便于安装及维修的管材、管件，以及连接可靠、密封性能好的管道阀门设备。各类管线及各种接口应采用标准化、模块化产品，提高施工精度和便捷性，方便安装和使用维护。

2. 集成化设计

设备与管线宜采用集成化技术。给水排水、供暖、通风和空调及电气管线等的设计协同和管线综合设计是工业化住宅设计的重要内容。其管线综合设计应符合各专业之间、各种设备及管线间安装施工的精细化设计及系统性布线的要求，管线宜集中布置、避免交叉，设置专用的管道间，不在套内配公共竖管。

3. 与主体结构分离

工业化住宅在设备与管线的设计上，应保证耐久性和可维护性的要求。给水排水、供暖、通风和空调及电器管线宜采用与建筑结构体分离的设计方式，并满足装配式内装生产建造方式的施工及其管理要求。

另外，预制结构构件应避免穿洞。如必须穿洞时，则应预留孔洞或预埋套管，不应在预制结构构件上凿剔沟、槽、孔、洞。

2.5 部品选型与集成

在内装体系中，工业化填充部品（内装部品）指的是非结构构件，在工厂按照标准化生产，并在现场进行组装的具有独立功能的住宅产品。工业化住宅体系的核心是部品化，在工业化的基础上实现部品化，具有施工快捷、高效，规格统一、风格多样，组合可能性多，富有个性化和人性化的趋势。而在工业化住宅中，内装部品具体可以分为集成化部品和模块化部品两大部分（图2-8）。

工业化住宅中的内装部品具有标准性、多样性、部品间及部品与主体间的可更换性等基本功能。因此，在设计和建造中，内装部品应满足以下要求：

具有功能性、尺寸模数化、形式风格多样化、连接方法简便、具有互换性与兼容性等。

工业化住宅体系的核心是部品化，内装体系中的填充部品可以分为集成化部品和模块化部品两大部分，涉及标准性、多样性、部品间及部品与主体间的可更换性等基本功能。因此，在设计中，应满足具有功能性、尺寸模数化、形式风格多样化、连接方法简便、具有互换性与兼容性的基本要求。

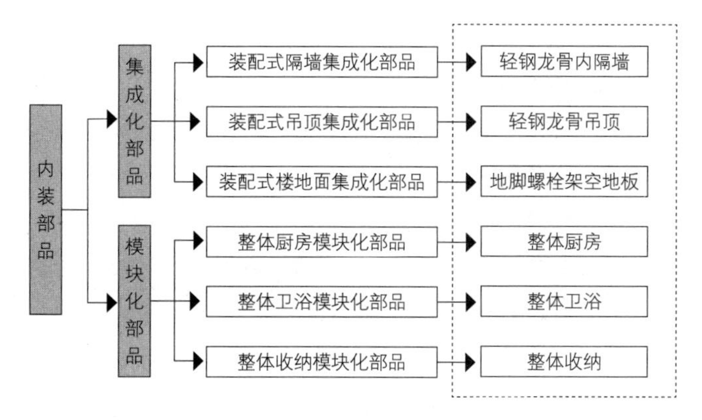

图 2-8 内装部品组成

1. 具有功能性

内装部品首先要保证基本的功能性。不同功能的小部品相互组合，可以形成一个功能的完整的大部品，从而满足人们日常的使用需求。

2. 尺寸模数化

部品的尺寸符合模数化，可以有效地应对各种不同尺寸的建筑空间，使部品与建筑空间达到高度匹配。同时，部品与部品之间也可以选择最合适的尺寸进行相互组合。

3. 形式风格多样化

部品的形式、风格多种多样，可以根据住户的喜好选择适当的整体风格，体现不同住户的个性化需求。部品的材料和色彩也应呈现多样化，可以结合整体装修风格，进行空间色彩和材质的搭配，满足住户对不同色彩、材质的需求。

4. 连接方法简便

应根据部品的耐久性、权属等设计部品间连接的构造方法。部品的连接方法通常是干式连接，即通过螺栓、预埋构件等物理机械的方式进行连接，具有操作简单和便于拆装等特点，使得住户自己动手进行部品的维修、更换成为可能。同时，接口还应考虑标准化设计，位置固定、连接合理、拆装方便、使用可靠。

5. 具有互换性与兼容性

装配式住宅内装部品互换性指年限互换、材料互换、式样互换、安装互换等，实现部品互换的主要条件是确定部品的尺寸和边界条件。部品的另一大特点是可调性，可以方便住户应对各种生活方式、家庭规模、品质要求等方面的改变，对其进行相应的调整，且不会破坏与其他部品的连接关系。同时部品群宜成套供应，形成集成部品或单元式部品，增强其兼容性（图2-9～图2-11）。

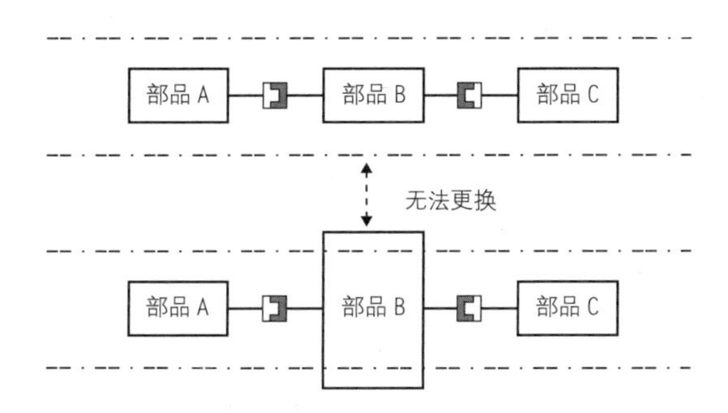

部品 A
部品 B
部品 C
无法更换
部品 A
部品 B
部品 C

图 2-9 标准化对于兼容性的作用

标准化接口
部品 A
部品 B
部品 C
更换
无法更换
部品 D
部品 E

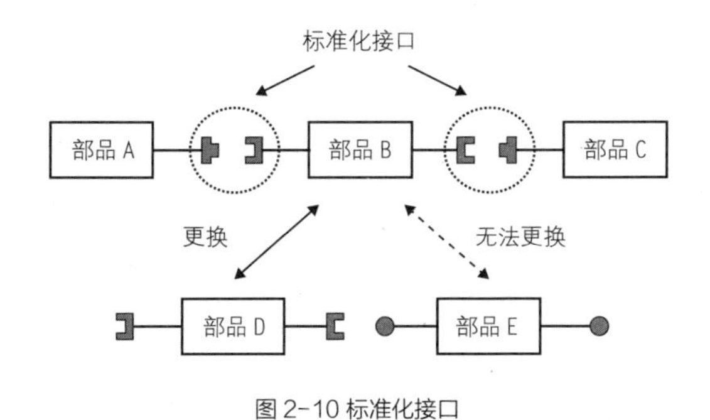

图 2-10 标准化接口

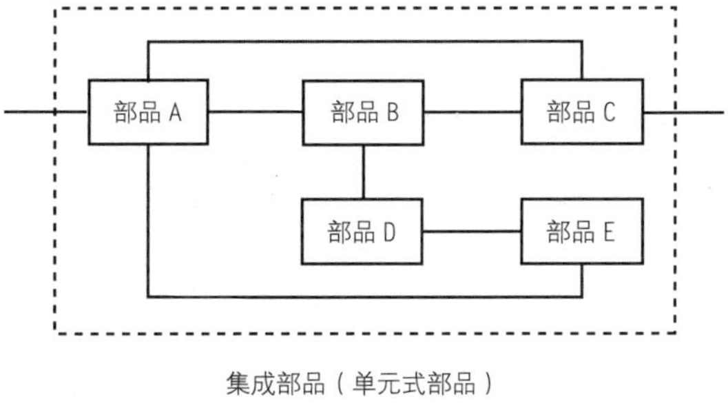

部品 A
部品 B
部品 C
部品 D
部品 E
集成部品（单元式部品）

图 2-11 部品群应成套供应

第3章 设计

3.1 协同设计与一体化

工业化住宅建筑是以工业化建造方式为基础，实现结构系统、外围护系统、内装系统、设备与管线系统等四大系统集成，实现策划、设计、生产与施工的一体化。通过系统集成设计将住宅当作完整产品进行统筹设计，强调全寿命周期可持续的品质，提出各系统相应的尺寸协调技术要求，解决各系统内部的系统问题，突出体系工业化住宅的整体性能和可持续性，保证设计、生产、施工的有机结合。

因此，工业化住宅的设计应统筹规划设计、生产运输、施工安装和使用维护，进行建筑、结构、机电设备、室内装修等专业一体化的设计。

1. 协同设计概念

一体化设计是工厂化生产和装配化施工的前提。建筑的设计是一个完整、系统的设计，土建、机电和装修设计都是系统设计的重要组成部分，如果各自独立设计，不可避免会出现机电安装和装修阶段的拆改、剔凿，造成效率低下、质量瑕疵和材料浪费等问题。

一体化设计的关键是做好各相关单位、相关专业的“协同”工作，并结合实际需要找到“协同”的实施路径和办法。“协同”可以分为两个层级：第一层级是管理协同；第二层级是技术协同。“协同” 的关键是参与各方都要有“协同”意识，在各个阶段都要与合作方实现信息的互联互通，确保落实到工程上的所有信息的正确性和唯一性。各参与方通过一定的组织方式建立协同关系，互提条件、互相配合，通过“协同”最大限度达成建设各阶段任务的最

工业化住宅设计应统筹规划设计、生产运输、施工安装和使用维护、进行建筑、结构、机电设备、室内装修等专业一体化的设计。

协同设计与一体化是工厂化生产和装配化施工的前提。其中“协同”包括管理协同与技术协同两个层面。参与工业化住宅建设的各方应组织建立协同关系，互提条件、互相配合，确保各阶段任务的完成。

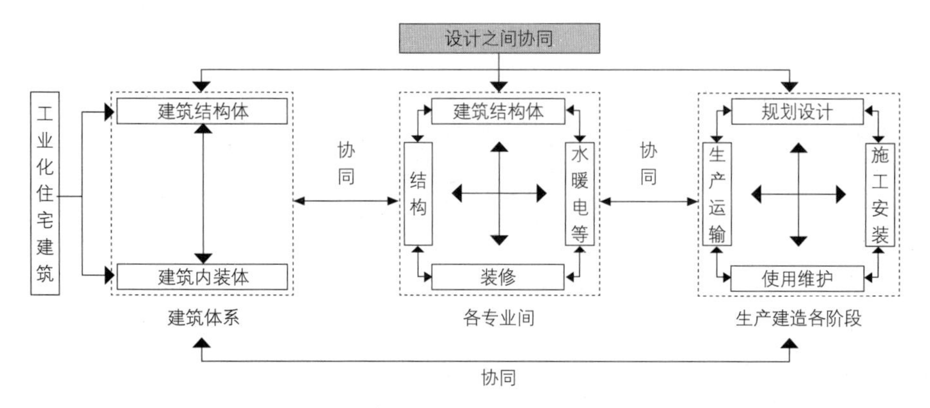

图 3-1 协同设计的途径

协同设计全过程应提供完整成套的设计图纸，包括技术报告、施工设计图、构件加工设计图、室内装修设计图等，深度满足施工要求。在各阶段的设计中，建筑专业应与结构、给水排水、暖通、电气等各专业建立协同工作机制。

优效果（图3-1）。

“协同”有多种方法，当前比较先进的手段是通过协同工作软件和互联网等手段提高协同的效率和质量。比如运用建筑信息模型技术（BIM），从项目技术策划阶段开始，贯穿技术、生产、施工、运营维护各个环节，保证建筑信息在全过程的有效衔接。

2. 设计深度

在设计全过程应提供完整成套的设计文件，设计深度满足施工要求。其中，设计文件主要包括技术报告、施工设计图、构件加工设计图、室内装修设计图等。

技术报告的内容主要包括项目采用的结构技术体系、主要连接技术与构造措施、一体化设计方法、主要技术经济指标分析等相关资料。

构件加工设计图可由建筑设计单位与预制构件加工厂配合设计完成，建筑专业可根据需要提供预制构件的尺寸控制图，设计过程中可采用BIM技术，提高预制构件设计完成度与精确度，确保构件加工图全面反映预制构件的规格、类型、加工尺寸、连接形式、预埋设备管线种类与定位尺寸。

3. 协同设计流程与要点

工业化住宅应进行建筑、结构、机电设备、室内装修一体化设计，应充分考虑工业化住宅建筑的设计流程特点及项目的技术经济条件，利用信息化技术手段实现各专业间的系统配合，保证内装修

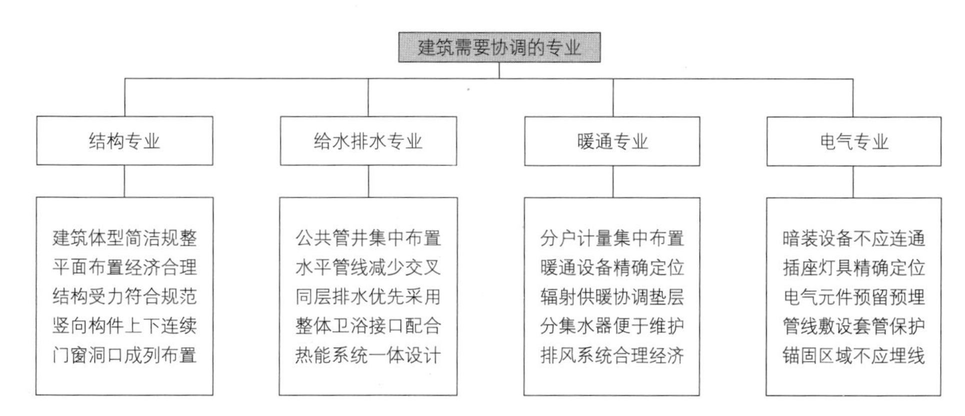

图 3-2 专业之间协同设计的要点

设计、建筑结构、机电设备及管线、生产、施工形成完整的系统，这有利于实现工业化住宅建筑建造的设计技术要求（图3-2）。

装修设计与主体结构、机电设备设计紧密结合，并建立协同工作机制。该机制主要指项目设计方与部品部件厂家、预制构件生产企业、施工单位和装修设计施工单位共同进行研究和制定设计细节，考虑了工厂生产工艺、现场装配化施工、土建装修一体化等相关要求。

在内装部品集成方面，内装设计应与建筑设计、设备与管线设计同步进行；采用装配式楼地面、墙面、吊顶等部品系统；住宅中采用整体厨房、整体卫浴及整体收纳等部品系统。内装部品应具有通用性和互换性，采用工业化生产的集成化部品进行装配式装修。内装设计应满足内装部品的连接、检修更换和设备及管线使用年限的要求，宜采用管线分离。

在建筑设计阶段对轻质隔墙系统、吊顶系统、楼地面系统、墙面系统、整体厨房、整体卫浴、内门窗等进行部品设计选型。内装部品应与室内管线进行集成设计，并应满足干式工法的要求。

在设备与管线集成方面，给水排水、暖通空调、电气智能化、燃气等设备与管线应综合设计；宜选用模块化产品，接口应标准化，并应预留扩展条件。内装部品与室内管线应与预制构件的深化设计紧密配合，预留接口位置应准确到位。

以整体厨卫为例，在设计阶段就需要引入产品的概念，同时结合建筑设计、产品两方面综合考虑，进行空间、产品、结构、管线设备一体化设计（图3-3）。

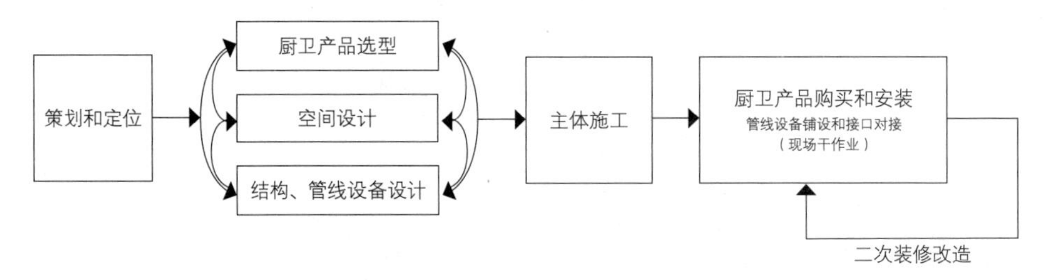

图 3-3 工业化住宅的部品配合设计流程

建筑信息模型（BIM）技术是工业化住宅建造过程的重要手段。通过该技术的应用，将设计信息与部件部品的生产运输、装配施工和运营维护等环节衔接，同时可以采用建筑物联网技术，统筹部件部品设计与生产施工和运营维护，对部件部品进行质量追溯。

4. 建筑信息模型（BIM）技术协同

内装设计采用标准化、模数化设计；各构件、部品与主体结构之间的尺寸匹配、协调，提前预留、预埋接口，易于装修工程的装配化施工；墙、地面块材铺装基本保证现场无二次加工。同时，设计过程应采用信息化技术手段（BIM）进行辅助设计。

采用建筑信息模型（BIM，Building Information Modeling）技术，有助于实现全专业、全过程的信息化管理。BIM技术是工业化住宅建造的重要手段。通过信息数据平台管理系统可以将设计、生产、施工、物流和运营等环节联系为一体化管理，对提高工程建设各阶段及各专业协同配合的效率，以及一体化管理水平具有重要作用。

通过BIM技术的应用，将工业化住宅的设计信息与部件部品的生产运输、装配施工和运营维护等环节衔接，贯通设计信息与部件部品的生产运输、装配施工和运营维护等各环节，通过信息化技术设计提高工程建设各阶段各专业之间协同配合的效率、质量和管理水平。同时，可采用建筑物联网技术，统筹部件部品设计与生产施工和运营维护，对部件部品进行质量追溯（图3-4）。

因此，BIM技术应覆盖到住宅工业化实施的不同环节，从而保证协同设计的有效开展。

例如，在部品的生产与选型阶段，建筑部品部件应在工厂生产，生产过程及管理宜应用信息管理技术，生产工序宜形成流水作业。基于标准化设计和机械化生产的角度，提出对建筑部品部件实行生产线作业和信息化管理的要求，以保证产品加工质量稳定。建立信息化协同平台，采用标准化的功能模块、部品部件等信息库，统一编码、统一规则，全专业共享数据信息，实现建设全过程的管

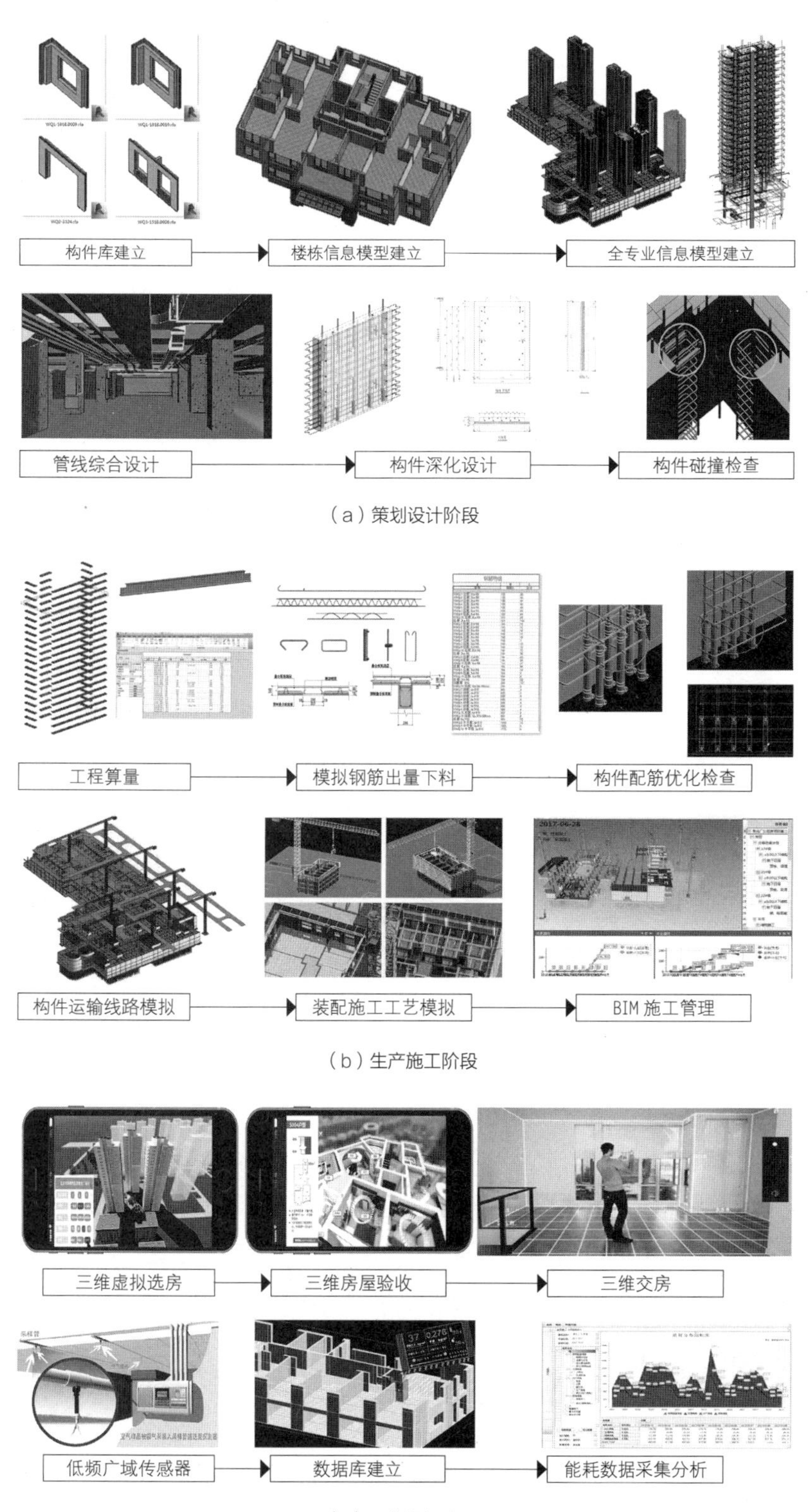

（a）策划设计阶段

（b）生产施工阶段

（c）运营维护阶段

图 3-4 BIM 设计流程及主要内容

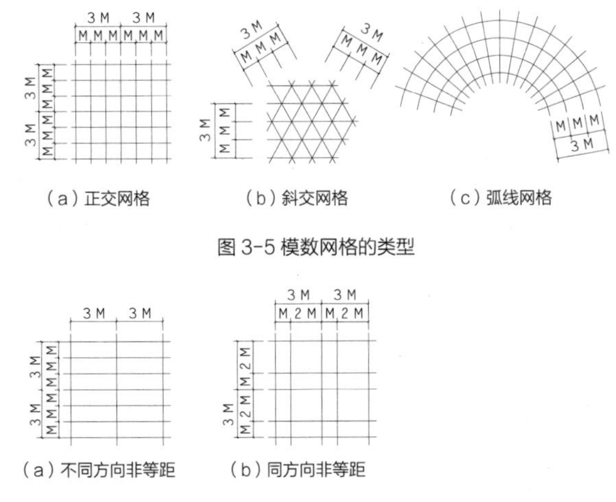

（a）正交网格　（b）斜交网格　（c）弧线网格

图 3-5 模数网格的类型

（a）不同方向非等距　（b）同方向非等距

图 3-6 模数数列非等距的模数网格

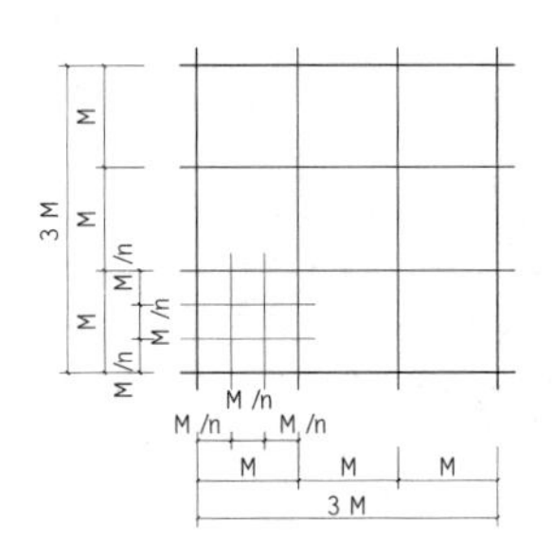

图 3-7 采用不同模数的模数网格

理和控制。

在内装设计阶段，应采用BIM技术与结构系统、外围护系统、设备管线系统进行一体化设计，改变先各专业的设计之后再进行内装设计的传统的设计方式。传统模式使得后期的内装设计经常要对建筑设计的图纸进行修改和调整，造成施工时的拆改和浪费。

在设备与管线设计阶段，采用BIM技术，与结构系统、外围护系统、内装系统进行一体化设计，保证预留洞口、预埋件、连接件、接口设计应准确到位。通过对结构构件、建筑部品和设备管线等进行虚拟建造，对安全、质量、技术、施工进度等进行全过程的信息化协同管理。

在使用与维护阶段，建立建筑、设备与管线等的管理档案。当遇地震、火灾等灾害时，灾后应对建筑进行检查，并视破损程度进行维修。由此，将建筑信息化手段用于建筑全寿命周期使用与维护的要求。地震或火灾后，应对建筑进行全面检查，必要时应提交房屋质量检测机构进行评估，并采取相应的措施。强台风灾害后，也宜进行外围护系统的检查。

3.2　模数协调

模数协调是探讨实现住宅的设计、建造、施工安装的互相协调，使工业化部品可以顺利定位和安装的方法。应用模数协调，需要在各环节中遵循同一套尺寸规则。

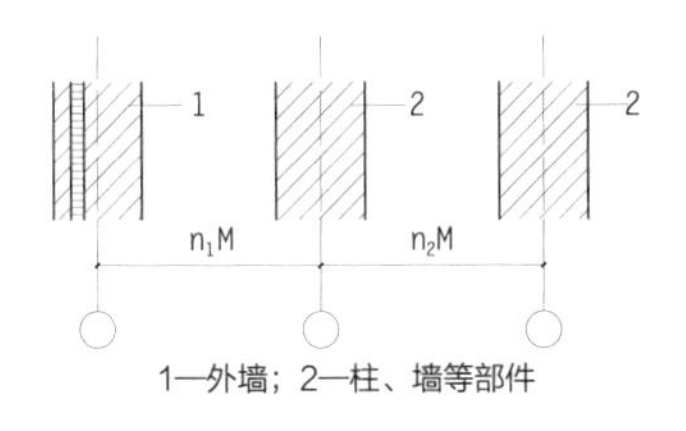

图3-8 采用中心线定位法的模数基准面

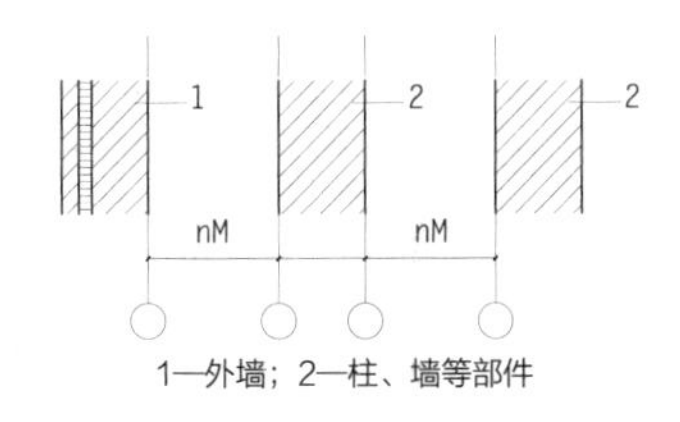

图 3-9 采用界面定位法的模数基准面

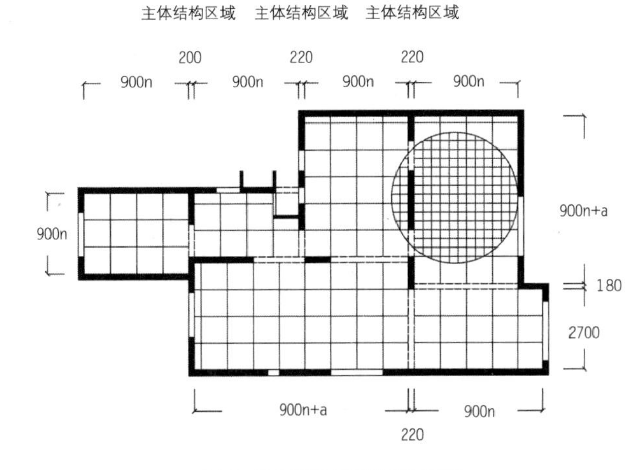

图 3-10 双模数制设计方法示例

为此，设置一个基本模数（以符号M表示），规定建筑设计、装配以及部品、构件的尺寸均为基本模数的倍数，实现尺寸的统一。我国采用的基本模数数值为M=100mm。

当建筑或部品、构件的尺寸较大或较小时，为了简化和统一尺寸，可采用导出模数，导出模数分为扩大模数和分模数，我国模数协调标准规定扩大模数的基数应为2M、3M、6M、9M、12M等；分模数基数应为M/10、M/5、M/2。

为了协调建筑与部品，需要将部品、构件在建筑空间中准确定位，为此，在空间中引入一系列符合模数的“参考线（面）”，辅助部品、构件的定位。这些连续基准线（面）可由正交、斜交或弧线的网格基准线（面）构成，不同方向连续基准线（面）之间的距离可采用非等距的模数数列。这些连续基准线（面）就形成了模数网格（图3-5、图3-6）。

同一建筑可采用多个、多种模数网格，不同模数网格间的连接可采取设置中断区的方式来过渡。中断区可以是模数空间，也可以是非模数空间（图3-7）。

在应用中，需要将部品、构件定位到模数网格中，可以采用中心线定位法（图3-8）、界面定位法（图3-9）或以上两种方法的混合。中心线定位法是指基准面（线）设于部品、部件上（多为物理中心线），且与模数网格线重叠的方法；界面定位法是指基准面（线）设于部品、部件边界，且与模数网格线重叠的方法。

水平方向的模数协调中，以往我国惯用的是单线网格，梁、柱、墙等构件的水平定位多采用中心线定位法，但这种方式难以确

应用模数协调，需要在各环节中遵循同一套尺寸规则。我国采用的基本模数为M=100mm，当建筑或部品、构件尺寸较大或较小时，可采用扩大模数（2M、3M、6M、9M、12M等）或分模数（M/10、M/5、M/2）。

在协调建筑与部品的过程中，可以通过过引入模数网格进行部品、构件在建筑空间中的准确定位。在应用中，可以根据具体情况采用中心定位法、界面定位法或两种方法的混合。

标准化设计是工业化建筑的有效手段。因此，要保证工业化住宅的技术可行性和合理性，应采用标准化的设计方法，减少构件和结构种类是关键点。

保内装空间为模数空间，影响了内装部品、部件的定位。工业化住宅模数协调可采用双模数网格界面定位法，即在主体结构两侧分别设置两条基准线，可以获得模数化内装空间（图3-10）。

而在竖直方向的模数协调中，部品、部件的定位则多采用界面定位法，能够保证建筑部件的竖向截面为模数空间。

遵循模数协调原则，全面实现尺寸配合，可保证住宅建设在功能、质量、技术和经济等方面获得优化，促进住宅建设从粗放型生产转化为集约型的社会化协作生产，实现部品部件工厂生产、现场安装的相互配合，从而达到降低成本、节约资源的目的。

3.3 标准化设计

标准化设计是指建筑设计和建造、部品生产和使用应该满足标准化设计的原则，采用工业化标准构件，进行模数协调设计和标准化建造、改造。

标准化设计是实施工业化建筑的有效手段，没有标准化就不可能实现主体结构和建筑部品部件的一体化集成。如果不遵循合理的标准设计，建筑与部品、部品与部品之间就无法顺利组装。标准不适当，或在尺寸与规格上放任自流的话，部品的种类就会变得庞大，无法获得由少种类大批量生产体制所带来的效果。因此，在建设过程中，要保证工业化住宅建筑的技术可行性和合理性，应采用标准化的设计方法，其中减少构件规格和接口种类是关键点。

从工业化住宅设计的技术策划阶段开始到构件深化阶段的全过程，设计人员要有“建筑是由预制构件与部品部件组合而成”的设计观念，结合建筑的功能要求进行标准化设计，选用尺寸符合模数的主体构件和内装部品，在优化合并同类构件的同时进行多样化的组合，以实现工业化住宅不同使用功能和审美的要求。

3.3.1 平面与空间

工业化住宅建筑的平面设计除了要满足使用功能的要求外，还

不规整的形体

外形轮廓复杂，不节能

户内剪力墙多，不易改造

住宅形体规整化设计

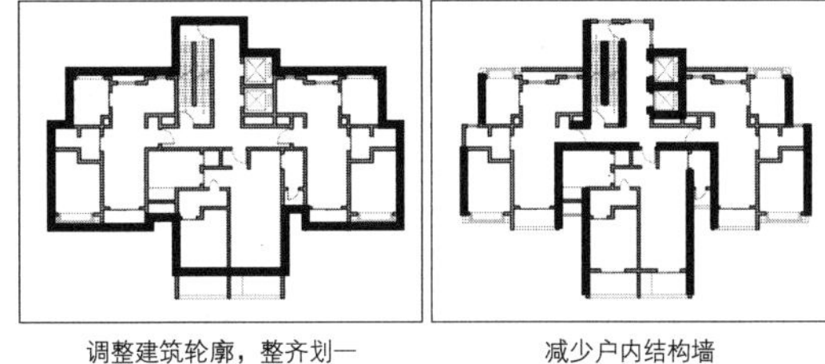

调整建筑轮廓，整齐划一

减少户内结构墙
室内做轻钢龙骨隔墙
设计LDK餐厨起居空间

图 3-11 形体规整化设计要求

应采用标准化的设计方法全面提升建筑品质、提高建设效率及控制建造成本。

在平面与空间方面，除了要满足住宅建筑的使用功能要求以外，还应采用标准化的设计方法。在设计中，应注重空间的规则性与开放性，具体宜满足形体规整化、设计模块化、空间开放化、设备管线集成化这四个方面的要求。

1. 规则性与开放性

(1) 形体规整化

住栋的平面布置应规则，承重构件布置应上下对齐贯通，外墙洞口宜规整有序。同时，合理控制住栋的体形系数，减少开口凹槽，减少墙体凹凸变化，避免不必要的不规则和不均匀布局，从而满足住栋对于节能、节地、节材等方面的要求。

规整化的住栋提高了套内空间使用率，居住舒适度相应提高，且可保证施工的合理性。平面几何形状宜规则平整，并宜以连续柱跨为基础布置，柱距尺寸应按模数统一。结构柱网布置、抗侧力构件布置、次梁布置应与功能空间布局及门窗洞口协调（图3-11）。

平面布置时，平面形状宜简单、规则、对称，质量、刚度分布宜均匀。避免采用严重不规则的平面布置；平面长度不宜过长，长宽比（L/B）宜按表3-1采用；平面突出部分长度 l 不宜过大、宽度b不宜过小；平面不宜采用角部重叠或细腰形平面布置（图3-12）。

平面设计的规则性有利于结构的安全性，符合建筑抗震设计规范的要求。特别不规则的平面设计在地震作用下内力分布较复杂，不适宜采用装配式结构。

平面设计的规则性，可以减少预制楼板与构件的类型，有利于经济的合理性。不规则的平面会增加预制构件的规格数量及生产安装的难度，且会出现各种非标准的构件，不利于降低成本及提高效

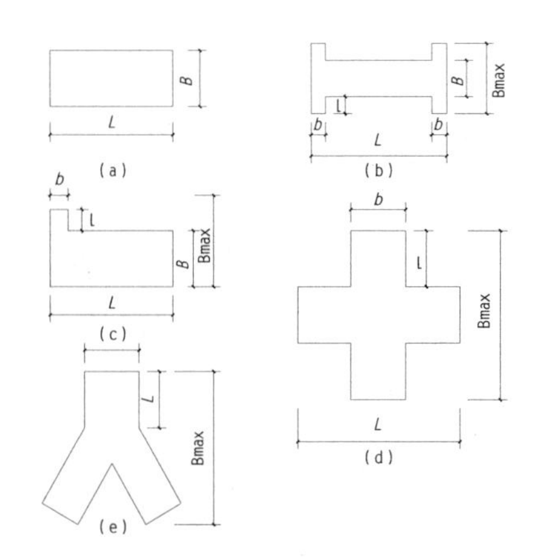

图 3-12 建筑平面示意

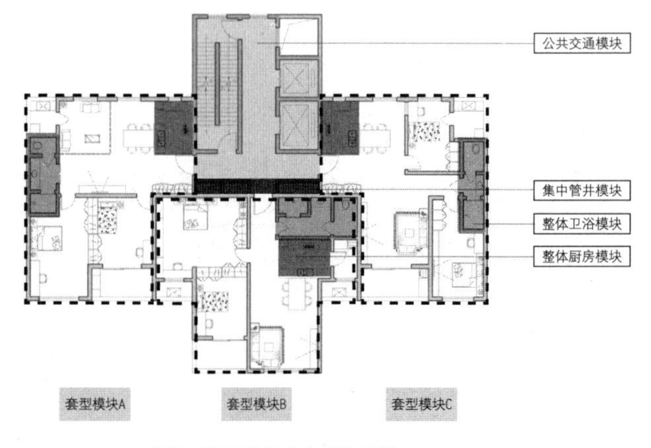

图 3-13 工业化住宅模块层级

率。为实现相同的抗震设防目标，形体不规则的建筑，要比形体规则的建筑耗费更多的结构材料。不规则的程度越高，对结构材料的消耗量越大，性能要求越高，不利于节材。

平面尺寸及突出部位尺寸的比值限值　　表 3-1

抗震设防烈度	L/B	l/Bmax	l/b
6、7 度	≤ 6.0	≤ 0.35	≤ 2.0
8 度	≤ 5.0	≤ 0.30	≤ 1.5

(2) 设计模块化

设计上采用模块及模块组合的方式，遵循合理的规格、科学的组合原则。如住栋平面可划分为楼电梯、公共管井、整体厨房、整体卫浴等模块进行组合设计。

套型模块与公共交通核心模块组合成单元，结构简明、布局清晰，套型系列可组合成不同住栋以适应不同条件，住栋公共空间集中布置管井管线等设施，易于管理和维修。厨房、卫浴等部分可作为独立模块置入不同套型中，为工业化建造提供条件（图3-13）。

(3) 空间开放化

住宅户型平面设计上要采用大开间大进深、空间灵活可变的布置方式。通过大开间的结构体系塑造集中、完整的使用空间，从而为实现管线分离、内装系统分离提供条件（图3-14）。无论在哪种结构形式中，始终都应以开放式的空间设计为基础，提高结构体系

支撑体开放性比较 表3-2

结构类型		结构形式	适用范围			
			低层 ≤3	中层 4~11	高层 12~20	超高层 ≥21
钢筋混凝土结构（RC）	+	剪力墙体系	←······	······→		
		墙式框架体系		←······	······→	
		框架体系	←······	······	······	······→
		框架－剪力墙体系	←······	······	······	······→
		筒体体系				←······→
高强度钢筋混凝土结构（H-RC）	+	框架体系				←······→
		筒体体系				←······→
钢骨混凝土结构（SRC）	+	框架体系			←······	······→
钢管混凝土结构（CFT）					←······	······→
钢结构（S）			←······	······	······	······→

注：1.日本早期建设中SRC结构通常用于下层，上层为RC，现已不采用。
2.适用范围应综合考虑工程造价、施工工艺等。

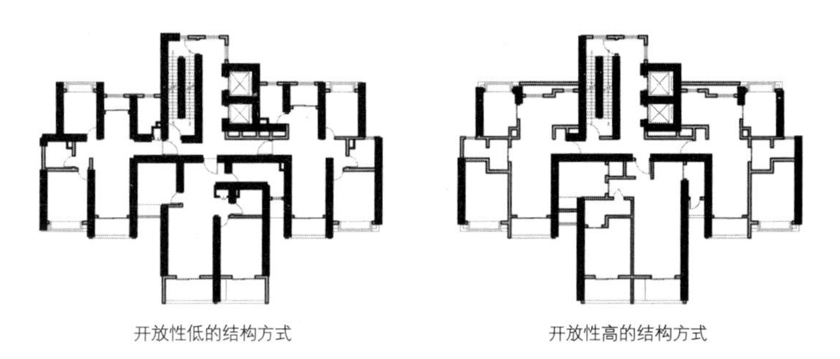

开放性低的结构方式　　开放性高的结构方式

图3-14 结构形式开放性比较

的开放程度（表3-2）。

对于住宅户内空间的设计，应进行住宅功能空间集中化。其次，对这些功能空间加以独立和划分，将关联性较强的空间进行整合，如起居室、餐厅、厨房三者尽可能实现空间上的融合，从而提供给居住者，令其依据自身的居住需求和生活方式进行个性化设计和使用，提高居住空间的灵活性（图3-15）。

(4) 设备管线集成化

在工业化住宅的住栋中，设备及管线应集中紧凑布置，宜设置在共用空间部位。

在平面设计中，厨房和卫生间是住宅建筑的核心功能空间，其空间与设施复杂，需要用标准化与集成化的手段来实现。工业化住宅应满足空间的灵活性与可变性的要求，套内用水空间往往对灵活性与可变性空间制约较大，要重点考虑厨房和卫生间的标准化，宜

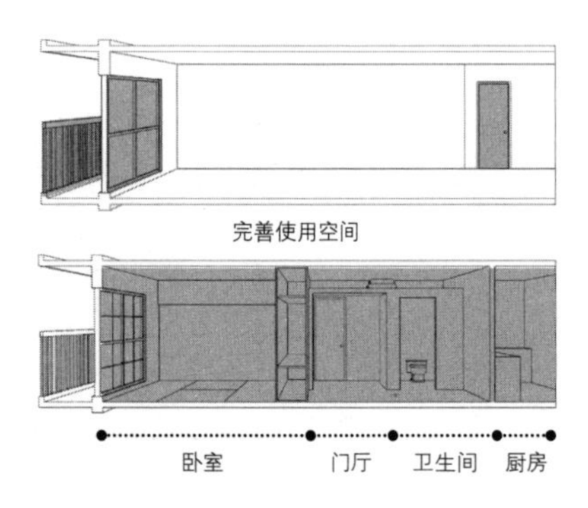

图 3-15 空间集中化与系统化

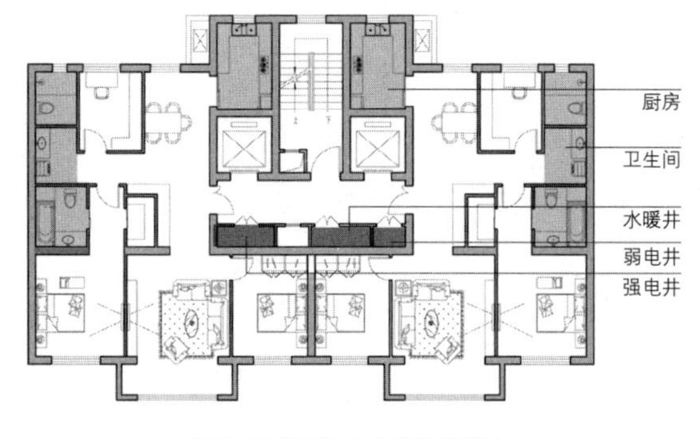

图 3-16 管线与用水空间的集中

在设计中，应注重空间的适应性，具体可以从套型系列化与多样化、可变性与灵活性这两方面展开。从前者来看，模块化的设计方法是将楼栋单元、套型与部品模块等作为基本模块，确立各层级模块的标准化、系列化尺寸体系。通过标准化模块之间的组合，可以形成不同的平面形式与建筑形态，满足设计多样性的要求。

将用水空间相对集中布置，并应结合功能和管线要求合理确定厨房和卫生间的位置（图3-16）。

设备与管线集中设置，从而最大化地释放户内的使用空间。为了更好地实现可变居住空间的理念、发挥空间灵活可变的特点，通过大空间结构体系+管线集成+轻质隔墙体三者综合的方式，将使用空间集中化从而达到可变居住空间。

2. 空间适应性

(1) 套型系列化与多样化

从工业化住宅的可建造性出发，以住宅平面与空间的标准化为基础，模块化设计方法应将楼栋单元、套型与部品模块等作为基本模块，确立各层级模块的标准化、系列化尺寸体系。

套型模块由若干个不同功能空间模块或部品模块构成，通过模块组合可满足多样性与可变性的居住需求。常用的部品模块有整体厨房、整体卫浴和整体收纳等（图3-17）。

在设计中宜满足：套型基本模块应符合标准化与系列化要求，具有结构独立性，结构体系同一性与可组性；套型基本模块应满足可变性要求，可互换；基本模块应具有部件部品的通用性，其设备系统是相对独立的；基本模块应具有组合的灵活性（图3-18）。

标准化与多样化并不对立，二者的有机协调配合能够实现标准化前提下的多样化和个性化。可以用标准化的套型模块结合核心筒模块组合出不同的平面形式和建筑形态，创造出多种平面组合类型，为满足规划设计的多样性和适应性要求提供优化的设计方案。

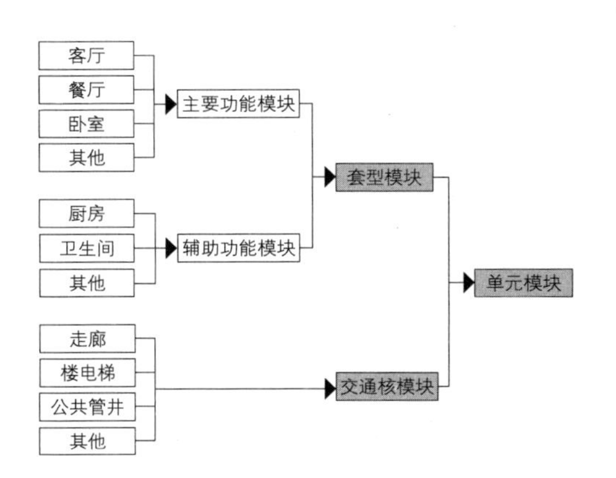

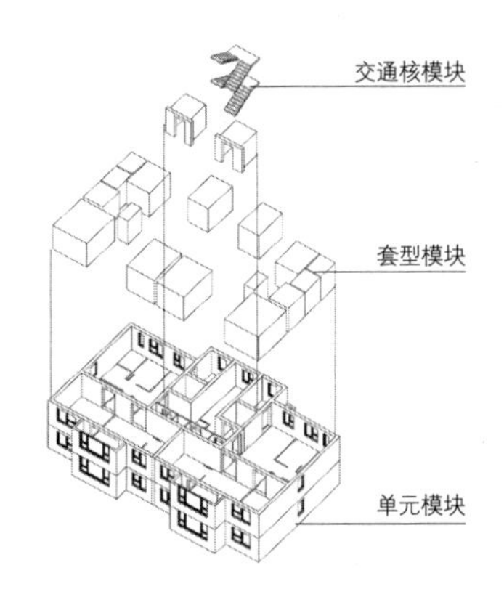

图 3-17 套型模块组成

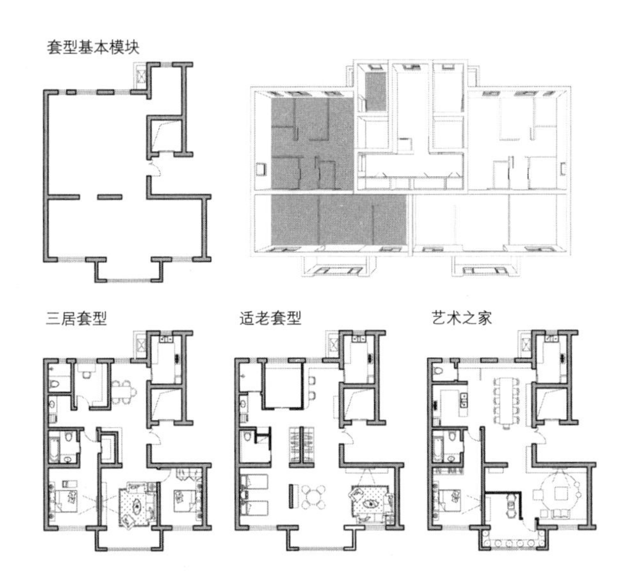

图 3-18 基本模块可变性

(2) 可变性与灵活性

·改造、用途变更、改建

空间的可变性指的是建筑应该具备改造的可能性，以适应未来发展变化的要求。近几年，随着工业化住宅理念在国内的发展，建筑师们也开始对居住建筑普遍寿命短的现象进行了反思。在SI住宅理念中，住宅长寿化应该作为新建住宅的出发点和落脚点，须知道建成以后所采用的修理、改装、改建等的维护管理方式不同，同样影响住宅寿命。

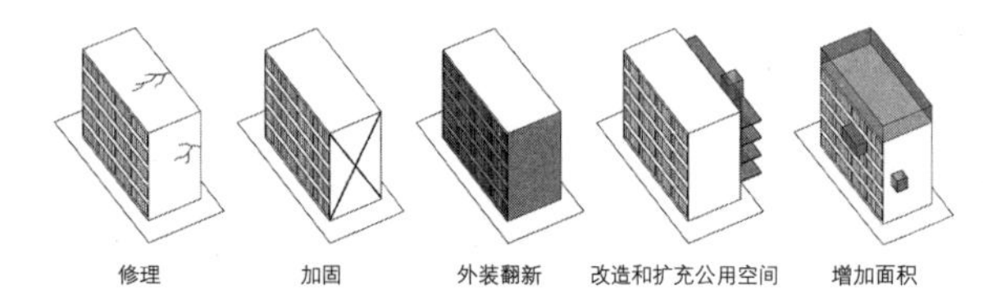

图 3-19 建筑改造的多种方式

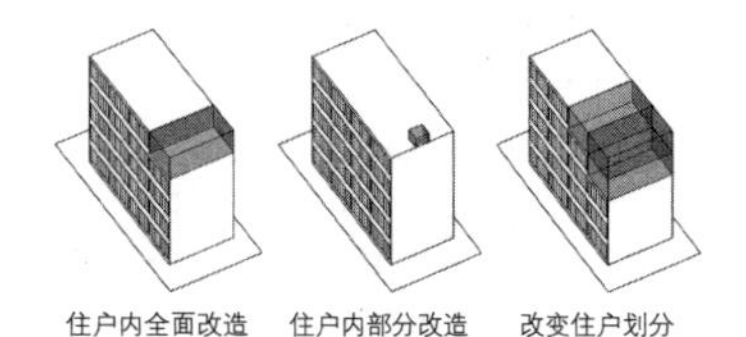

图 3-20 住户内改造的多种方式

可变性与灵活性具体可以体现在建筑改造、户内改造、家庭生命周期设计、适老设计等方面。其中，建筑改造可通过修理、加固、外装翻新、改造和扩充公用空间、增加面积等方式，以使得住宅适应未来发展变化的要求。

从欧美和日本等国家的经验来看，在建筑物价值下降到完全不能使用而要拆除之前，还有各种各样的对其进行投资改造的方法，根据条件的不同，改变建筑物的用途，甚至可以产生出与原来建筑物完全不同的使用方法（图3-19），例如修理、加固、外装翻新、改造和扩充公用空间、通过加层增加面积等。但无论选择何种方式进行改造，其最终目的都是在充分利用资源能源的基础上改善居住环境和品质。

·户内的灵活改造

从户内空间入手进行灵活性改造是更为常见的一种设计模式（图3-20）。从国内现状来看，既有住宅建筑多为砌体和剪力墙结构，其承重墙体系严重限制了居住空间的尺寸和布局，难以满足多样化的居住需求。

因此，为了达到住宅建筑空间的可变性和适应性要求，应通过支撑体与填充体体系分离形成大空间的布置方式，以满足居住者对于居住品质的更高要求。这种大空间的设计有利于减少预制构件的数量和种类，提高生产和施工效率，减少人工，降低造价。

在具体的套型设计中，不再以房间开间为设计要素，而是以框架柱网为设计要素，按一个结构空间来设计住宅的套型空间，且框架柱布置应尽量连续规整，尽量统一轴网和标准层高，为结构部件的标准化提供条件。在设计时，考虑区分建筑的固定区域和可变区域，改造与更新过程不能破坏原有的结构部分，增设的隔墙等构件

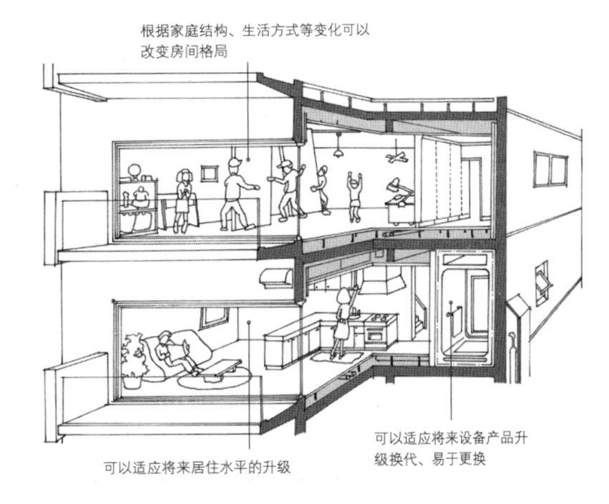

图 3-21 工业化住宅的空间适应性

也不能作为结构构件。

在室内的空间划分上，可采用轻钢龙骨石膏板等轻质隔墙进行灵活的空间划分，轻钢龙骨石膏板隔墙内还可布置设备管线，方便检修和改造更新，满足建筑的可持续发展，符合国家工程建设节能减排、绿色环保的方针政策。同时，在设计之初就应为后期的发展变化作出预设，如对有可能增设隔墙的位置进行特殊构造处理以满足未来增设的需求；对有可能改造设备的位置酌情预留管线接口和布管布线空间；对有可能进行部品安装和更换的部位要留出更换的空间（图3-21）。

户内改造模式除了基本的住户内全面改造、住户内部分改造之外，改造的范围也不仅限于一户的内部，可以通过“改变住户划分”的方式将2户合成1户，这种改造模式主要运用于建成年代较早、户内空间狭小的集合住宅中，以达到扩大居住面积、满足更多家庭成员的居住需求、提升居住品质的目的（图3-20）。

· 家庭生命周期设计

家庭结构（Family Structure）描述了家庭中成员的构成和关系，家庭生命周期（Family Life Cycle）是关于家庭模式的动态概念，家庭结构的不同演变方式形成了家庭生命周期的不同类型，能表现其发展变化的不同特点。

家庭结构的差别和生活方式的差异造成了住户对于住宅有着不同的期待。例如，不同的住户具有不同的生活喜好、行为习惯、

住户内的灵活改造建立在工业化住宅大空间布局、体系分离以及灵活隔断应用的基础上，改造模式包括住户内全面改造、部分改造以及改变住户划分等，有助于满足多样化的居住需求。

家庭结构的差别和生活方式的差异造成了住户对于住宅有着不同的期待，因此，在设计建造之初就需要从家庭生命周期使用出发，对空间的可变性和适应性进行设想。而随着家庭结构的变化与发展，空间的设计也应作出相应的改变。

经济水平以及空间使用要求，也会由于处在家庭生命周期的不同阶段，有着不同的家庭规模与特征。随着时代与科技的发展变化，住户的居住需求也是不断变化的，住宅在多大程度上变化，与其改造成本、构造方式等因素密切相关。因此需要在建造之初就对可变性进行设想，进行适应性方案设计。设计时，可以从住宅的生产建造和家庭全生命周期使用出发，充分利用轻质隔墙、移动家具、内装部品等方式实现对居住空间的自由划分，满足住户间的个性化和差异性（图3-22）。

在家庭全生命周期的变化中，日本《CHS百年住宅指南》划分了四个阶段，分别为家庭形成期、家庭成长期、家庭成熟期和家庭扩大期。

在家庭的形成期，例如一对青年夫妇与其幼儿子女所组成的家庭，此时需考虑1至2个居室空间和育儿空间的设计；在家庭的成长期，家庭结构多为夫妇和少年子女，随着年龄增长，子女生活的空间需要逐渐独立，同时也要考虑双方父母临时居住所形成的临时三代居的需求，因此居室数量可能达到3个。在家庭的成熟期，孩子成长为青年，可能转变为一对夫妇和青年子女的家庭结构模式，内部空间需要再次进行重新分割。

而在家庭扩大期，家庭结构多为老年夫妇、青年夫妇和其幼儿子女，此时应重点考虑老年人的生活行为特征，以及满足较大规模家庭的使用需求。如图3-22所示，在一个住栋中，按照使用面积分为两种套型，可以在同一套型内（即分户墙位置不变）实现多种套型的变换，在建筑的全寿命周期内，满足家庭全寿命周期不同阶段的使用需求。

·适老性设计

面对当今住宅大量建设和我国人口老龄化危机，应建立“将满足老龄化要求作为所有住宅的一项基本品质”的观念，以通用设计的理念把老年人的关怀和关注纳入到常规建筑设计的基本要求中，为老年人和残障人士提供良好的使用功能空间和条件。

老年人对住宅空间的要求与成年人有所差异，为满足住宅建筑长期使用的需求，应在设计中充分考虑老年人的使用需求，确保住宅的无障碍设计改造的可能性，例如设有公共走道等必要的空间，

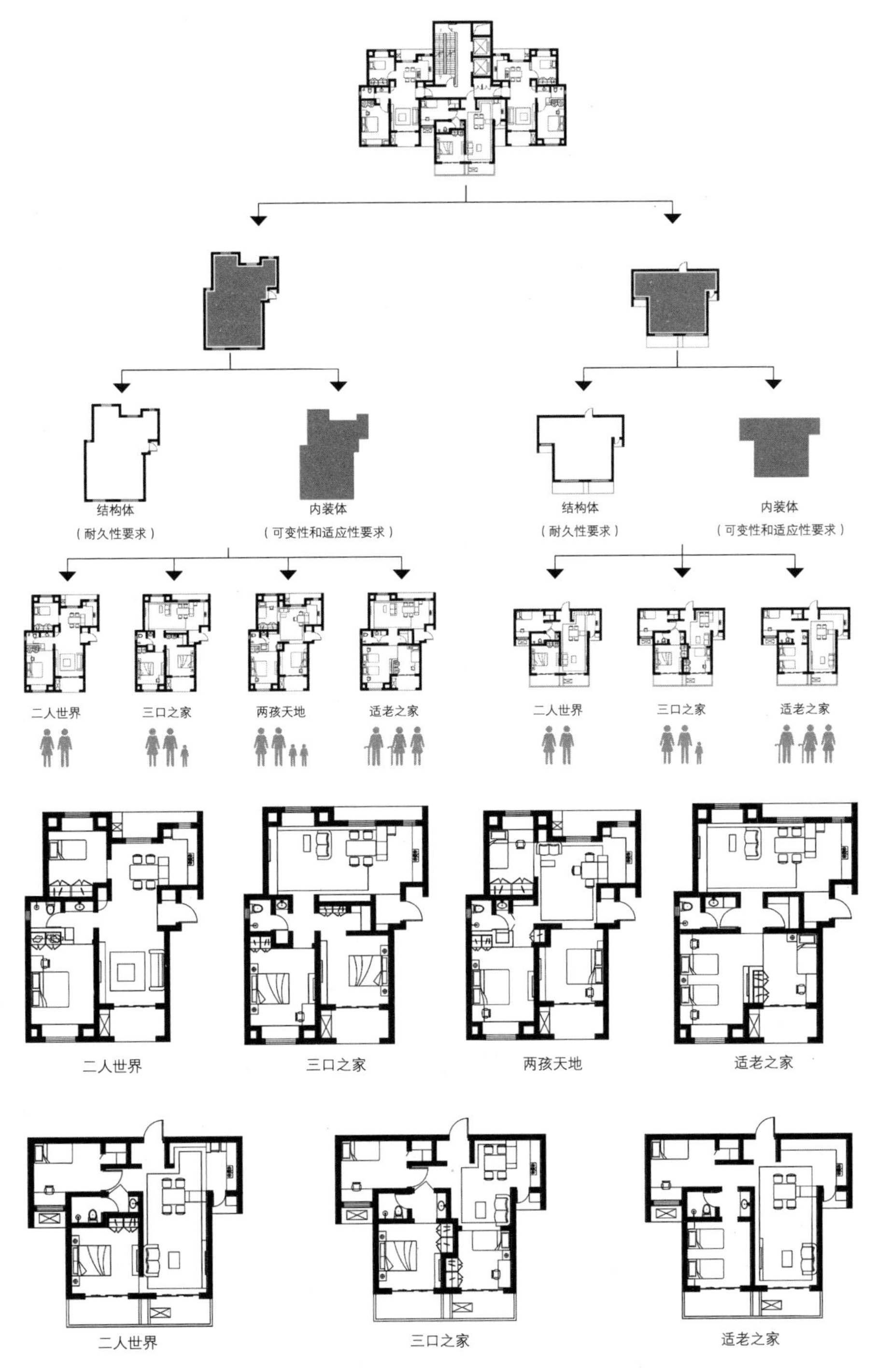

图3-22 全生命周期设计

适老化部品与设备示意　　表3-3

卫生间扶手	坐浴	下拉式收纳篮
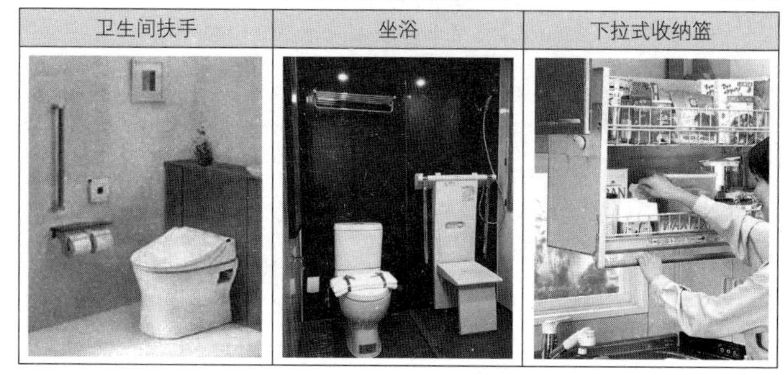		

为满足住宅建筑的长期使用，在设计中应充分考虑老年人的使用需求，除了公共空间的无障碍设计外，还应考虑适老化通用部品的应用、户型与室内无障碍设计、材料的使用以及电器安全等方面。

公共走道的宽度、公共楼梯的梯段、公共坡道的坡度、电梯出入口净宽等部位留有足够的可改造空间，使住宅经过简单改造，适合不同需求人群居住。

在进行无障碍设计时，应符合国家现行有关标准的规定。特别是要符合住宅出入口、走廊、楼梯、电梯、门窗、阳台等场所的安全措施的相应规定，应按标准要求进行设计，促进和提高居住者生活的安全性、适用性和舒适性。

设计应结合工业化部品和设备的集成，适老化通用部品的应用保证了住宅所必需的基本功能。因此，应在充分了解老年人特征的基础上选择适老化部品，同时顺应居住者的生活方式和生命周期，结合未来护理需要选择适老化通用部品，使空间具有灵活性。通过采用合适的部品和设备，可以使老年人使用更为便利，并提高安全性，例如在关键位置设置扶手、设置卫生间坐浴装置、增加下拉式收纳篮等（表3-3）。

在户型与空间设计方面，应符合通行无障碍、操作无障碍、信息感知无障碍的使用要求（图3-23）。如消除室内高差，便于轮椅通行，结合无障碍设施保证老年人对于空间的可达性；门扇宜安装视察玻璃，便于家庭中其他成员观察老年人状态；走道门洞应加宽，并在门把手一侧留有一定的墙面宽度，确保轮椅使用者的正常通过；家具和设备的布置应考虑方便老年人和残障人士操作；对于提示信息应通过声、光、触觉等途径使居住者能充分感知，如针对视力不好的使用者可以装设闪光设备加以提醒。

由于每户面积有限，套内空间设计时要合理设计轮椅转向位

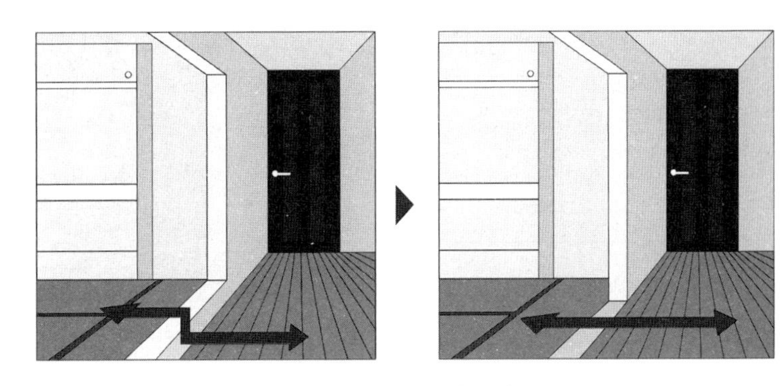

图 3-23 室内无高差设计

置，提倡通过空间的互借和家具设备底部的提升等方式节省轮椅转向面积。

在材料的使用上，具体应采用防滑材料，沾水之后变滑、表面有凸起、接缝处又深又宽、容易绊脚的材料，均应避免使用。

此外，在电器安全方面，开关、插座的高度应满足老年人的安全使用需要，套内插座的高度宜距离地面400mm，开关面板的高度宜距离地面1000mm；开关、电源和控制器面板距离墙角的距离不能过小；室内应安装漏电保护装置；老年人居住建筑中医疗用房和卫生间应做局部等电位连接；浴室厕所可采用延时开关；开关应选用便于按动的宽体开关。

3. 整体厨卫设计

（1）整体厨房（Unit Kitchen）的设计与选型

整体厨房（Unit Kitchen）强调了厨房的“集成性”和“功能性”，是工业化住宅装饰装修的重要组成部分。因此，其设计与选型应该按照标准化、系列化的原则，实现在制作和加工阶段全部装配化，并应与结构系统、外围护系统、设备与管线系统、内装系统进行一体化设计，合理确定厨房的布局方案、结构方案、设备管线敷设方式和路径、主体结构孔洞预留尺寸以及管道井位置等，并应符合现行行业标准关于工业化住宅尺寸协调标准的有关规定。

整体厨房包括地面、吊顶、墙面、橱柜、厨房设备及管线几个主要部分，它是由工厂生产、现场装配厨房家具、厨房设备和厨房

整体厨房典型平面布置示意　　　　表3-4

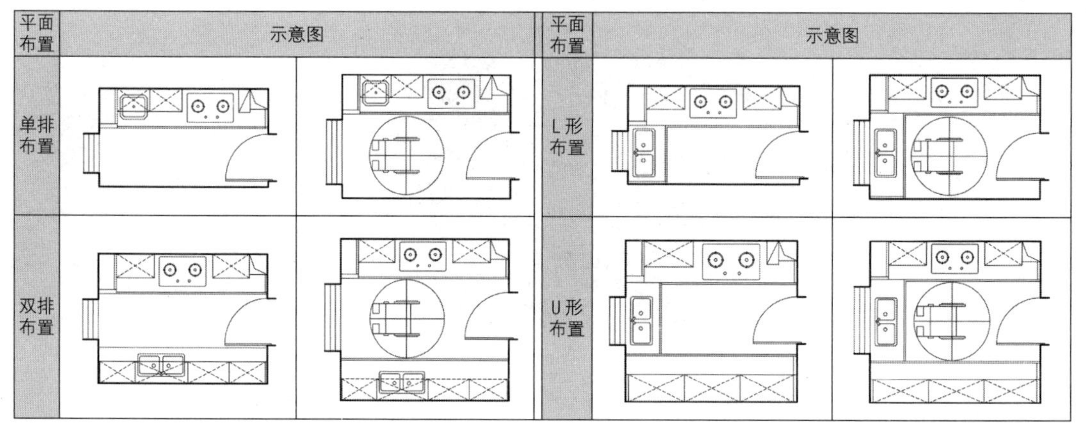

设施等的标准单元，通过标准单元系统搭配组合而成的满足炊事活动功能要求的模块化空间（图3-24）。

首先，整体厨房应实现标准化，而遵循模数协调原则是其标准化与产业化的基础，是厨房与建筑一体化的核心。模数协调的目的是使建筑空间与整体厨房的装配相吻合，使橱柜单元及电器单元具有配套性、通用性、互换性，是橱柜单元及电器单元装入、重组、更换的最基本保证，具体应符合关于住宅厨房和相关设备基本参数及住宅厨房模数协调标准的有关规定。

在功能设计方面，厨房按功能分区设计和功能区的标准模块设计，可以根据厨房的面积大小和人口使用情况匹配出合理的功能区配置，具体包括储存区、洗涤区、加工区、烹调区四个部分，其中储存区为原料、烹调起居与碗碟储存区域；洗涤区为洗涤槽部分，提供原料的洗涤以及烹调器具与碗碟的洗涤；加工区是对食物进行加工的区域；烹调区是指灶台部分，配有各种厨具、炊具和调味品，烹调延伸区还有微波炉和烤箱等。

整体厨房设计时应满足这四项基本功能的使用需求，厨房的门、窗、管井位置应合理，并应保证厨房的有效使用面积。平面布局应符合炊事活动的基本流程，其布置形式可以采用单排、双排、L形、U形和壁柜形。整体厨房典型的平面布置种类示意图可参考表3-4中内容。

另外，在设计中也要兼顾老年人、残疾人等特殊群体的使用要

在工业化住宅设计中，整体厨卫设计是工业化装饰装修的重要组成部分。

针对整体厨房的设计与选型，应遵循模数协调原则，实现建筑空间与整体厨房的装配相吻合；应按功能进行分区和标准模块设计。在部品选型上，应选用通用的标准化部品，具有统一的标准化接口，同时也应考虑人体工程学和材料特性。

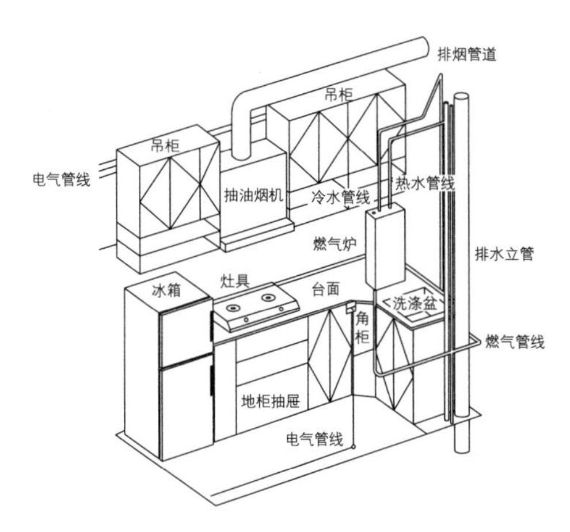

图 3-24 整体厨房部品模块构成示意

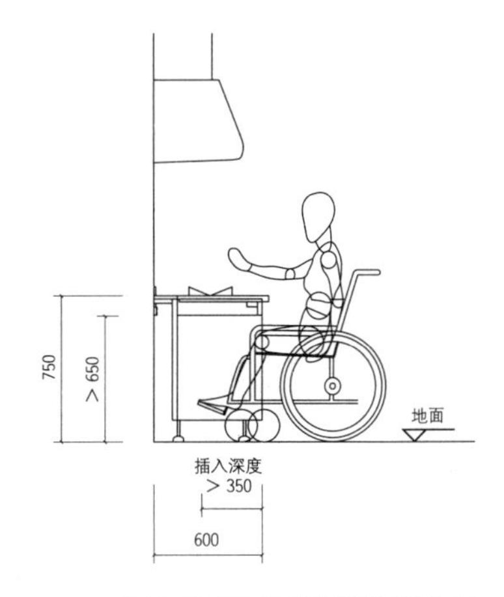

图 3-25 满足轮椅使用要求的橱柜

求，并符合国家相关无障碍设计标准的规定。例如，应为轮椅使用者留出足够的轮椅回转空间，在具体设计时可将灶台、操作台下方空间凹进一定尺寸，以满足轮椅使用者的操作需求，并提供轮椅回转空间（图3-25）。

在部品选型上，厨房的设计应选用通用的标准化部品，工厂化生产，批量化供应。例如，洗涤盆、灶具、排油烟机、电器设备、橱柜、吊柜等设施应一次性集成设计到位，橱柜宜与装配式墙面集成设计。

标准化部品应具有统一的接口位置（管线接口也应标准化设计，并准确定位）和便于组合的形状、尺寸，并应满足通用性和互换性对边界条件的参数要求。在采用标准化参数来协调部品、设备与管线之间的尺寸关系时，可保证部品设计、生产和安装等尺寸相互协调，减少和优化各部品的种类和尺寸。同时，设计应符合干式工法施工的要求，便于检修更换，且不得影响建筑结构的安全性。厨房部品选型的这一过程宜在建筑方案阶段进行，并在设计各个阶段进行完善。

厨房家具包括橱柜、吊柜等，其设计在满足使用安全的情况下，应结合人体行为学符合使用者的日常使用习惯。例如在厨房墙面部分，非承重围护隔墙宜选用工业化生产的成品隔墙，现场组装，其承载力应满足厨房设备固定的荷载需求。该墙体在吊柜和厨房电器的安装时，吊装部位应采取加强措施，满足安全要求。

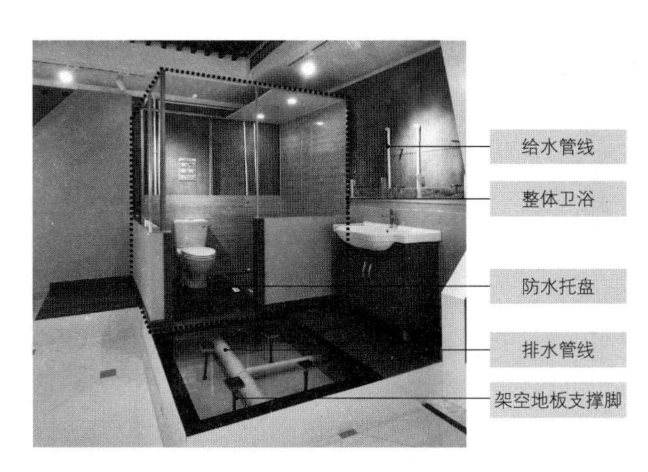

图 3-26 整体卫浴示意

整体卫浴的设计选型也应遵循模数协调的原则，与建筑空间尺寸协调。在平面布局上应结合具体的功能需求，优先采取干湿分离的布置方式。在部品选型上，应充分考虑材料的防水、防腐、环保等特性。

在材料方面，由于厨房在日常使用中会产生较多水汽，而且油烟和异味也会黏附在材料表面，时间一长便难以清洗。因此，应注意所选择材料的特性，例如厨房吊顶应选用耐热和易清洗的材料，并设检修口，便于管线的敷设与维修；地面应采用防滑耐磨、低吸水率、耐污染和易清洁的材料；排油烟机烟道应选用不燃、耐高温、防腐、防潮、不透气、不易霉变的材料。另外，在满足厨房材料使用的安全性能的前提下，应尽可能采用可循环使用、可再生利用的材料，减少资源的浪费。

（2）整体卫浴（Unit Bathroom）的设计与选型

整体卫浴（Unit Bathroom）包括地面、吊顶、墙面和洁具设备及管线几个主要部分，具体是由防水盘、壁板、顶板及支撑龙骨构成主体框架，并与各种洁具及功能配件组合而成的通过现场装配或整体吊装进行装配安装的独立卫生间模块（图3-26）。

整体卫浴的设计选型也应遵循模数协调的原则，与各专业进行一体化设计，同时，根据人体工程学的要求，内部设备布局合理，进行标准化、系列化和精细化设计，且宜满足适老化需求。

在具体的尺寸选型上，应与建筑空间尺寸协调。例如，整体卫浴的内部净尺寸宜为基本模数100mm的整数倍；其壁板与外围合墙体之间的预留安装尺寸，在无管线时，不宜小于50mm，在敷设给水或电气管线时，不宜小于70mm，在敷设洗面器墙排水管线时，

整体卫浴典型平面布置示意　　表3-5

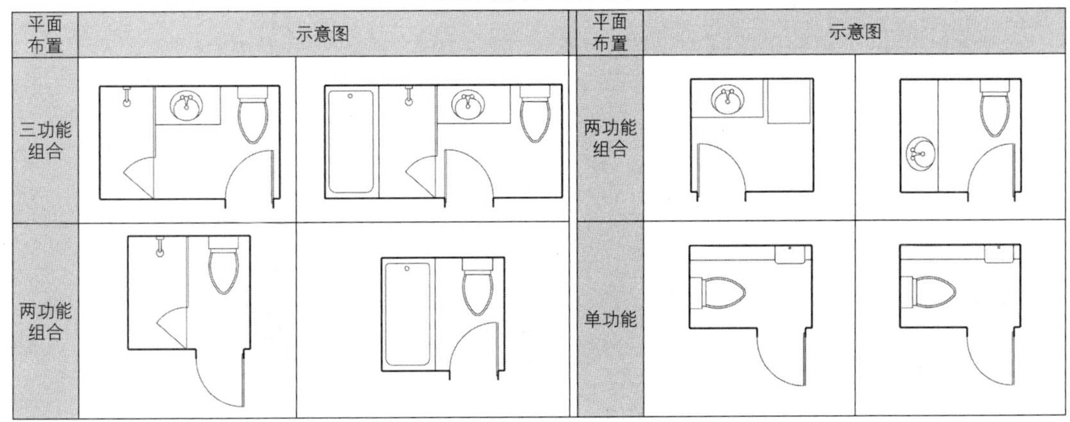

平面布置	示意图		平面布置	示意图	
三功能组合			两功能组合		
两功能组合			单功能		

不宜小于90mm。整体卫浴尺寸选型和预留安装空间均应在建筑设计阶段与厂家共同协商确定。

在平面布局方面，整体卫浴优先采取干湿分离的布置方式，湿区使用标准化整体卫浴产品，综合考虑洗衣机、排气扇（管）、暖风机等的设置，并应满足设备设施点位预留的要求。其功能布局应符合盥洗、便溺、洗浴、洗衣/家务等功能的基本需求，可盥洗、便溺、洗浴等单功能使用，也可将任意两项（含两项）以上功能进行组合。表3-5为整体卫浴典型平面布置示意。

随着整体卫浴市场的扩大，各种材料的产品也应运而生，如片状模塑料（SMC）、彩钢板、铝蜂窝复合板等，所选用材料的性能和质量应符合设计要求，并符合国家现行有关标准的规定。例如金属材料和配件应采取表面防腐蚀处理措施，金属板的切口和开孔部位应进行密封或防腐处理；木质材料应进行防腐、防虫处理；密封胶的粘结性、环保性、耐水性和耐久性应满足设计要求，并应具有不污染材料及粘结界面的性能，且应满足防霉要求。

从现状来看，目前整体卫浴出现的工程质量问题很多是由于不合理的施工安装造成的，且不同生产厂家的整体卫浴的组件和安装方法不同，因此，为了保证整体卫浴的工程质量，应提高其装配化水平，防水盘、壁板、顶板、检修口、连接件和加强件等主要组成部件应在工厂内制作完成，并由专业人员进行施工安装，安装过程应与内装系统的其他施工工序进行协调。

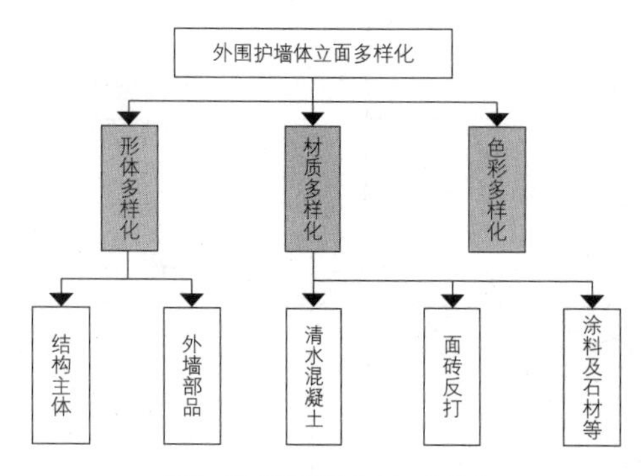

图 3-27 外围护墙体立面多样化

工业化住宅的外立面设计，应采用标准化的设计方法，通过平面与构件的组合实现立面的个性化和多样化，具体做法包括单元平面多样化组合；建筑群体多样化组合；利用立面构件的光影效果；利用不同色彩和质感变化；结合新材料、新技术和新工艺等。

3.3.2 外立面

1. 外立面多样化设计方法

居住建筑是构成城市空间和环境的重要因素之一，工业化住宅应进行多样化设计，避免造成单调乏味、千城一面的城市环境。

工业化住宅的立面设计，应采用标准化的设计方法，通过模数协调，依据装配式建筑建造方式的特点及平面组合设计实现建筑立面的个性化和多样化效果。立面多样化的设计方法在实践中比较成熟的做法有（图3-27）：

（1）单元平面多样化组合。设计应结合工业化住宅的特点，通过系列化标准单元进行丰富的组合，产生出一种以统一性为基础的复杂性，带来建筑体型的多样化；

（2）建筑群体的多样化组合。在总平面布局上利用建筑群体布置产生围合空间的变化，用标准化的单体结合环境设计组合出多样化的群体空间，实现建筑与环境的协调；

（3）利用立面构件的光影效果，改善体型的单调感。可以充分利用阳台、空调板、空调百叶等不同功能构件及组合方式形成丰富的光影关系，用“光”实现建筑之美；

（4）利用不同色彩和质感的变化实现建筑立面的多样化设计；

（5）结合新材料、新技术、新工艺特点呈现不同的建筑风格。

其中，工业化住宅的立面设计与标准化预制构件、部品设计是一体的关系。通过立面设计的优化、模数协调原则的运用、集成技术及构件多样化的组合，可以实现住宅立面个性化、多样化的效

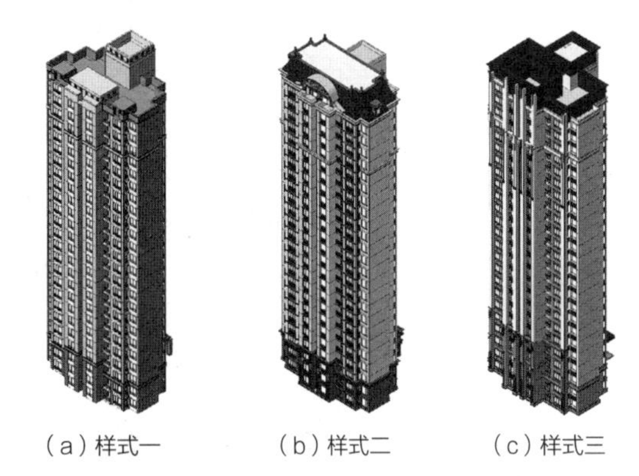

（a）样式一　（b）样式二　（c）样式三

图 3-28 构件灵活组合下的立面效果示意

样式一住宅立面构件拆解统计表　表 3-6

	样式一选用构件				立面
图示					
名称	窗	窗	窗	门	
图示					
名称	组合阳台	组合阳台	阳台	空调机位	
图示					
名称	线脚	线脚	线脚	线脚	
图示					
名称	线脚	入口雨篷	柱式	灯饰	

样式二住宅立面构件拆解统计表　　表 3-7

	样式二选用构件				立面
图示				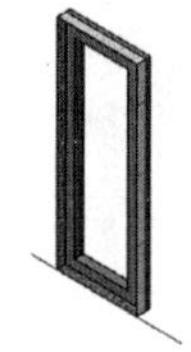	
名称	窗	窗	窗	门	
图示	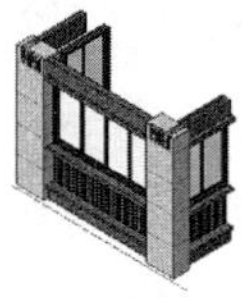	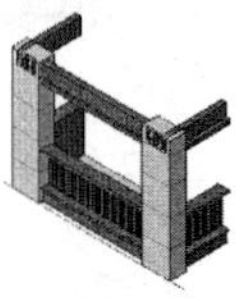	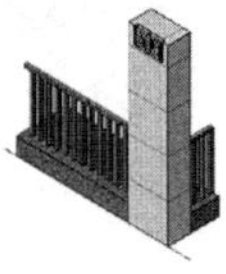		
名称	组合阳台	组合阳台	阳台	空调机位	
图示					
名称	线脚	线脚	线脚	线脚	
图示	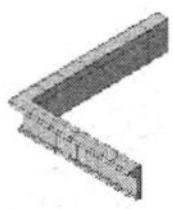				
名称	线脚	入口雨篷	柱式	灯饰	

果，并达到节约造价的目的。

具体来说，建筑立面应规整，外墙无凹凸，立面开洞统一，减少装饰构件，尽量避免复杂的外墙构件。基本套型在满足建设项目要求的配置比例前提下尽量统一，通过标准化单元的简单复制、有序组合达到高重复率的标准层组合方式，实现立面外墙构件的标准化和类型的最少化。建筑立面呈现整齐划一、简洁精致、富有装配式建筑特点的韵律效果。

以实际项目为例（图3-28），预制外墙板可采用不同饰面材料展现不同肌理与色彩的变化，通过不同外墙构件的灵活组合，实现富有工业化建筑特征的立面效果。如表3-6～表3-8所示，同一标

样式三住宅立面构件拆解统计表　　表 3-8

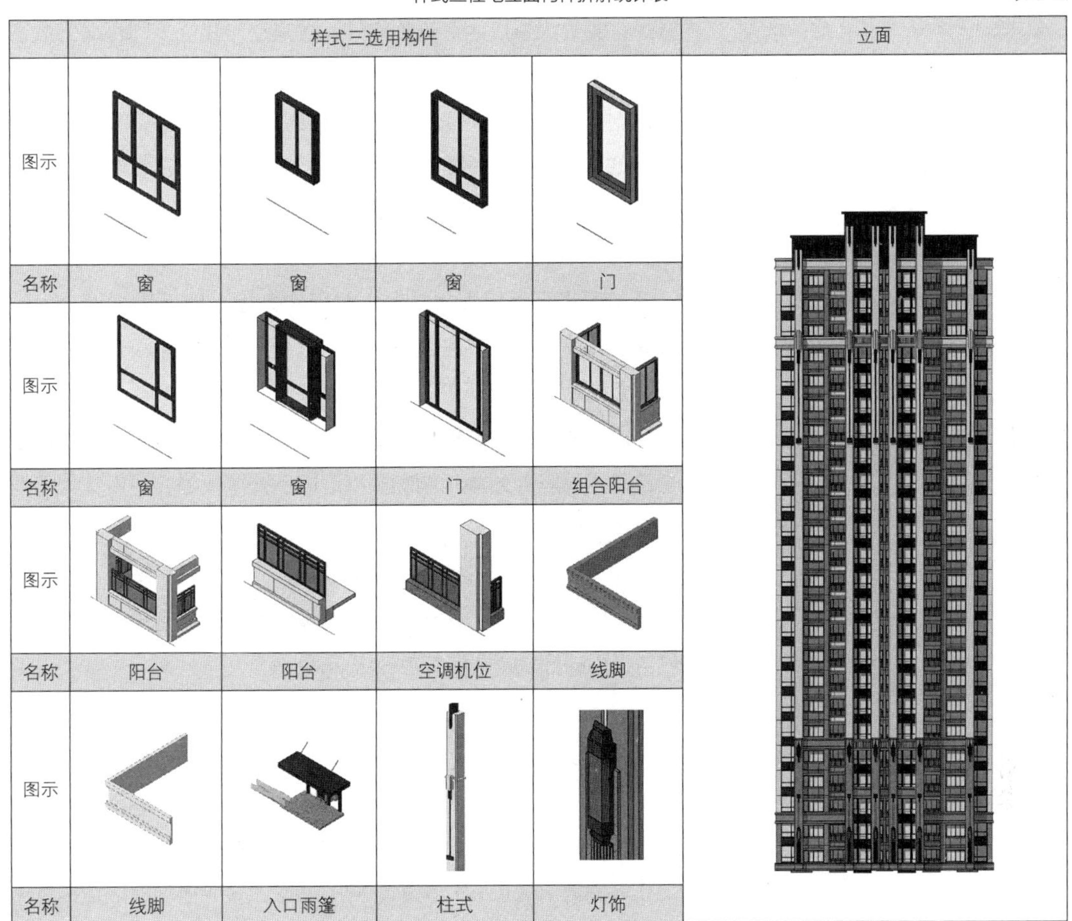

	样式三选用构件				立面
图示					
名称	窗	窗	窗	门	
图示					
名称	窗	窗	门	组合阳台	
图示					
名称	阳台	阳台	空调机位	线脚	
图示					
名称	线脚	入口雨篷	柱式	灯饰	

准层平面，发挥预制外墙的工业化重复制造及混凝土可塑性强的特征，可以通过灵活的组合方式实现立面形式的多样化。

2. 立面分格与预制构件组合设计

工业化住宅的立面分格应与构件组合的接缝相协调，做到建筑效果和结构合理性的统一。

工业化住宅要充分考虑预制构件工厂的生产条件，结合结构现浇节点及外挂墙板受力点位，综合立面表现的需要，选用合适的建筑装饰材料，设计好墙面分格，确定外墙合理的墙板组合模式。立面构成要素应具有一定的建筑功能，比如外墙、阳台、空调百叶、

工业化住宅的立面分格应与构件组合的接缝相协调，根据具体条件选用合适的装饰材料、墙面分格以及墙板组合模式等，所采用的立面构成要素宜具有功能性、耐久性以及环保性等特点。

外围护结构应根据建筑结构形式、地域气候、热工性能等方面要求进行合理选择。在设计上应充分利用工厂化工艺和装配条件。同时，在材料选择上应满足耐久性能和结构性能的要求。

栏杆等，避免大量应用装饰性构件，尤其是与建筑不同寿命的装饰性构件，这将影响建筑使用的可持续性，不利于减排、节能。

预制外墙板的组合设计主要考虑结构的安全性要求、预制构件模具的适应性、吊装的可行性及经济性、现场塔吊或其他起吊装置的起吊能力等。随着施工技术的不断进步，这些条件也在不断发生。

预制混凝土外墙板通常分为整板和条板。整板大小通常为一个开间的长度尺寸，高度通常为一个层高的尺寸。条板通常分为横向板、竖向板等，根据工程设计也可采用非矩形板或非平面构件，在现场拼接成整体。在剪力墙结构的工业化住宅建筑中，外围护结构通常采用具有剪力墙功能的预制混凝土外墙板等，可设计为整间板、横向板和竖向板。

采用预制外挂墙板的立面分格宜结合门窗洞口、阳台、空调板及装饰构件等按设计要求进行划分。预制女儿墙板宜采用与下部墙板结构相同的分块方式和节点做法。

3. 外围护墙体设计

工业化住宅外围护系统的设计应符合国家现行建筑节能设计标准对体形系数、窗墙面积比和围护结构热工性能等的相关规定。

在住宅建筑装配式外围护结构的选择上，应根据建筑结构体形式的不同、地域气候特征的差异，进行科学、合理的选择，不同的建筑结构形式对应不同的外围护结构类型，包括预制外挂墙板、蒸压加气混凝土板、非承重骨架组合外墙等。其中，预制外墙设计要充分利用工厂化的生产工艺和装配化的施工条件，通过模具浇筑、材质组合和清水混凝土等技术与材料的运用，形成丰富多样的装饰效果。

工业化住宅外墙材料的选择应满足住宅建筑规定的耐久性能和结构性能的要求。同时，宜通过选用装配式预制钢筋混凝土墙、轻型板材外墙，来提高预制装配化程度，钢结构住宅的外墙板宜采用复合结构和轻质板材，如蒸压加气混凝土类材料外墙、轻质混凝土空心类材料外墙、轻钢龙骨复合类材料外墙、水泥基复合类材料外墙等。

4. 外墙装饰材料

工业化住宅的外墙饰面材料选择及施工应结合工业化建筑的特点，考虑经济性原则及符合绿色建筑的要求。饰面的质量应符合国家标准中关于建筑装饰装修工程质量验收规范的相关规定。

预制外墙板饰面在构件厂一体完成，其质量、效果和耐久性都要大大优于现场作业，省时省力、提高效率。外饰面应采用耐久性好、易维护的装饰建筑材料，可更好地保持建筑的设计风格、视觉效果和人居环境的绿色健康，减少建筑全寿命周期内的材料更新替换和维护成本，减少施工带来的有毒有害物质的排放、粉尘及噪声等问题。可选择混凝土、耐候性涂料、面砖和石材等：

（1）预制混凝土外墙可处理为彩色混凝土、清水混凝土、露骨混凝土及表面带图案装饰的混凝土等，不同的质感和色彩可满足立面效果设计的多样化要求；

（2）涂料饰面整体感强，装饰性良好、施工简单、装修方便，较为经济；

（3）面砖饰面、石材饰面坚固耐用，具备很好的耐久性和质感，且易于维护，在生产过程中饰面材料与外墙板采用反打工艺同时制作成型，可减少现场工序、保证质量，并提高饰面材料的施工寿命。

工业化住宅外墙饰面材料的选择应结合工业化生产、经济性以及绿色环保的要求。预制外墙板饰面宜在构件厂一体完成，可选择混凝土、耐候性涂料、面砖和石材等。

5. 立面门窗设计

工业化住宅建筑立面门窗设计应满足建筑的使用功能、经济美观、采光、通风、防火、节能等先行国家规范标准的要求。

门窗洞口尺寸应符合模数协调标准，在满足功能要求的前提下应选用优先尺寸。同一地区同一建筑物门窗洞口尺寸优先选用国家标准中建筑门窗洞口尺寸系列中的基本规格，其次选用辅助规格，并减少规格数量，使其相对集中。

采用组合门窗时，优先选用基本门窗组合而成的门或窗。减少门窗的类型，就是减少预制构件的种类，利于降低工厂生产和现场装配的复杂程度，保证质量并提高效率。

在门窗洞口的布置上，工业化住宅的设计应在确定功能空间开窗位置、开窗形式的同时重点考虑结构的安全性、合理性，门窗洞

立面门窗设计应符合功能要求和模式协调标准，减少规格数量，利于工厂生产。在布置上，应考虑结构的安全性、合理性、方便加工与吊装，同时也要考虑外挂墙板的尺寸、安装及组合的合理性。

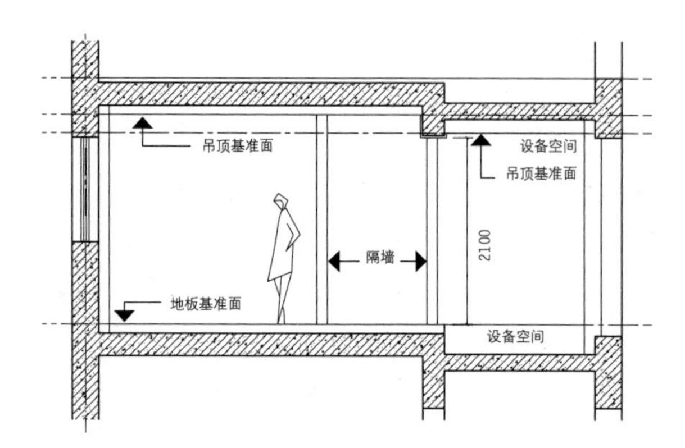

图 3-29 层高设计图示

工业化住宅的层高设计应根据不同建设方案、结构选型、内装方法合理确定。由于采用体系分离的方式，架空地板与吊顶高度是影响层高的主要因素，应合理布置管线，减少空间占用。

口应满足结构受力的要求。具体有以下几点要求：

（1）宜上下对齐、成列布置，位置与形状方便预制构件的加工与吊装；

（2）由于转角窗的设计对结构抗震不理，且加工及连接比较困难，因此在装配式混凝土剪力墙结构中不宜采用转角窗设计；

（3）对于框架结构预制外挂墙板上的门窗，要考虑外挂墙板的规格尺寸、安装方便和墙板组合的合理性。

3.3.3 层高与管线

1. 层高设计

在建筑设计中，室内的净高应为地面完成面（有架空层的按架空层面层完成面）至吊顶底面之间的垂直距离。影响建筑层高的因素主要有：①梁、板的厚度：根据结构选型不同，开间尺寸不同，梁、板的厚度则不同；②吊顶的高度：吊顶高度主要取决于机电管线与梁占用的空间高度。

值得注意的是，传统地面构造做法的住宅与采用SI体系设计的住宅楼地面高度是不同的。采用传统地面构造做法是将电气管线敷设在叠合楼板的现浇层内，如电气管线、弱电布线等的预留预埋；而SI体系设计采用的是建筑结构体与建筑内装体、设备管线相分离的方式，取消了结构体楼板和墙体中的管线预埋预留，进而采用与吊顶、架空地板和轻质双层墙体结合进行管线明装的安装方式。

具体来说，在工业化住宅的层高设计中，应根据不同的建设方

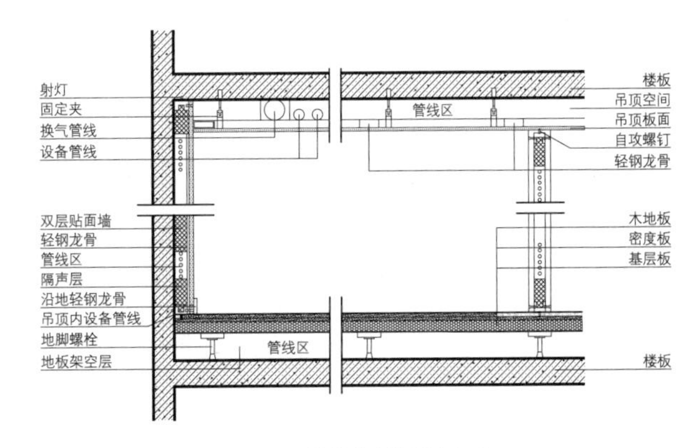

图 3-30 管线分离的设计方式

工业化住宅的管线宜采取与建筑结构体分离的设计方式，敷设在墙体、吊顶或楼地面的架空层或空腔内，并采取同层排水、同层排烟设计，套内宜设置水平换气的分户新风系统。

案、结构选型、内装方式合理确定。SI体系设计的住宅的层高=房间净高+楼板厚度+架空地板（传统地面构造）高度+吊顶高度。影响住宅层高的因素主要为架空地板与吊顶的高度（图3-29）。

建筑专业应与结构专业、机电专业及内装修进行一体化设计，配合确定梁的高度及楼板的厚度，合理布置吊顶内的机电管线，避免交叉，尽量减小空间占用，协同确定室内吊顶高度。设计各专业通过协同设计确定建筑层高及室内净高，使之满足建筑功能空间的使用要求。

采用SI体系技术且通层设置地面架空层的住宅层高不宜低于3.00m；采用局部设置架空层的住宅层高不宜低于2.80m。

2. 管线设计

工业化住宅建筑设计应保证建筑耐久性和可维护性的要求，给水排水、供暖、通风和空调及电气管线宜采用与建筑结构体分离的设计方式，并满足装配式内装生产建造方式的施工及其管理要求。

分别来看，工业化住宅套内给水排水管道宜敷设在墙体、吊顶或楼地面的架空层或空腔中，并宜采取同层排水设计，满足建筑层高、楼板跨度、设备及管线等设计要求（图3-30）。

具体地，住宅卫生间采用同层排水，即排水横支管布置在排水层、器具排水管不穿越楼层的排水方式，此种排水管设置方式可避免上层住户卫生间管道故障检修、卫生间地面渗漏及排水器具楼面排水接管处渗漏对下层住户的影响。装配式住宅建筑设计宜避免套内排水系统传统设计中排水立管竖向穿越楼板的布线方式，套内排

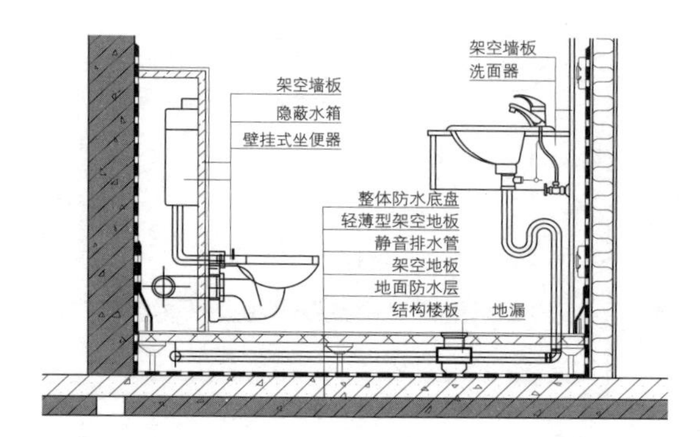

图 3-31 同层排水示意

水管道宜优先采用同层敷设。根据国家相关标准规定，住宅卫生间的卫生器具排水管不宜穿越楼板进入他户。当采用同层排水设计时，应协调厨房和卫生间位置、给水排水管道位置和走向，使其距离公共管井较近，并合理确定降板高度（图3-31）。

在排烟换气管道设计方面，当前住宅建筑的厨卫排气系统及设计大多采用共用竖向管道井的方式，存在各楼层厨房或卫生间使用串味、物权不清和不利于标准化模块化设计建造上的许多问题，根据国内外装配式住宅的建造和使用经验，厨卫设置水平式排气系统有利于解决上述问题。因此，厨房、卫生间宜设置水平排气系统，住宅套内宜设置水平换气的分户新风系统（图3-32）。

在电气管道设计方面，工业化住宅套内电气管线宜敷设在楼板架空层或垫层内、吊顶内和隔墙空腔内等部位，同时，需要采取穿管或线槽保护等安全措施。在吊顶、隔墙、楼地面、保温层及装饰面板内不应采用直敷布线。

3.3.4 构件与部品

工业化住宅提倡采用装配式集成建造的方式，其在构件和部品方面的发展方向也应是标准化、系列化和商品化，符合工业化生产的要求。

1. 预制构件设计

工业化住宅宜采用通用性强的标准化预制构件。工业化住宅的

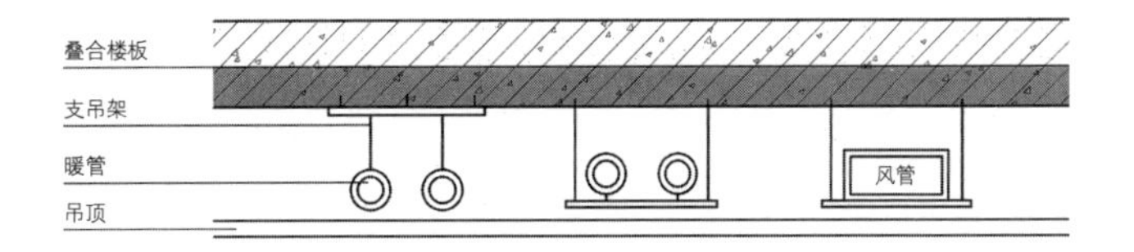

图 3-32 吊顶内设备管线

承重墙、梁、柱、楼板等主要主体部件及楼梯、阳台、空调板等部位可全部或部分采用工厂生产的标准化预制构件。例如，叠合楼板为预制楼板通过现场浇筑组合而成，其工序由工厂预制、现场装配浇筑和建筑构造层施工等组成，其具有效率较高、省时省工、节省模板、支撑简便、湿作业少等生产建造特点，因此工业化住宅应优先采用叠合楼板，并注意保证叠合楼板的防火、防腐、隔声和保温等性能。

从预制构件类型上来看，常用的预制构件类型包括：框（排）架柱、剪力墙、柱梁节点、支撑、梁（屋架）、板、楼梯、围护和分隔墙、功能性部品和部件等（表3-9）。

在工业化住宅发展过程中，预制构件的使用具有以下几个方面的特点：以板、梁、楼梯等构件类型应用范围最广，并逐步向框架柱、剪力墙、围护墙、功能性部品部件等方向发展；以一字型、平面类构件为主，类型较单一；预制构件应用于现场施工方式转变（如取消外脚手架等）的关系密切。

预制构件的设计要求与现浇混凝土结构构件有着很大的不同，需考虑的因素更多。例如，既要考虑结构整体性能的合理性，还要考虑构件结构性能的适宜性；既要满足结构性能要求，还要满足使用功能需求；既要符合设计规范的规定，还要符合安装施工工艺的要求；既要受单一构件尺寸公差和质量缺陷的控制，还要与相邻构件进行协调；还与材料、环境、部品集成、运输、堆放等相关。

因此，在工业化住宅设计中，其主体部件及连接应受力合理、构造简单和施工方便，符合工业化生产的要求；主体部件设计应与

预制构件设计是工业化住宅设计建造中的重要环节之一，应注意协调不同层面之间的相互关系，通过适宜的建筑方案、结构布置及连接设计等进行构件选型，并结合建筑功能、生产施工条件、运营维护要求等提高预制构件的使用效率。

常用的预制构件类型　　表 3-9

构件类型	构件描述	标准、规范编号	技术发展和应用
框（排）架柱	实心、空心、格构	GB 50010-2010 JCJ 1-2014 JCJ 3-2010	铰接和半钢铰接连接技术、混合连接框架结构体系推广应用
剪力墙	实心 空心、叠合（单面/双面）、格构	JCJ 1-2014 地方标准	干式和干湿混合连接技术推广应用
柱梁节点	一字形、L 形、T 形、十字形、牛腿式柱、梁、节点一体化	GB 50010-2010 JCJ 1-2014	推广应用
支撑	X 形、V 形、K 形……	无	完善结构体系
梁（屋架）	预制、叠合 实心、空心、桁架、格构……	GB 50010-2010 JCJ 1-2014 JCJ 3-2010	干式连接、与型钢配合的技术等推广应用
板	预制、叠合 平板、带肋、双 T、V 形折板、槽形、格栅…… 预应力板（实心、空心、带肋）	GB 50010-2010 JCJ 1-2014 JCJ 3-2010 JCJ/T 258-2011	推广应用
楼梯	板式、梁式 剪刀、双跑、多跑	JCJ 1-2014	推广应用
围护和分隔墙	实心、空心、复合型 幕墙、装饰……	JCJ 1-2014	点、线连接技术，与预制混凝土结构和装修相结合，推广应用
功能性部品和部件	送排风道、管道井、电梯井道、太阳能支架、门窗套、遮阳……	无	完善产品标准与建筑体系结合推广应用
其他	地下设施、地面服务设施……	无	完善产品标准和技术标准

部件生产工艺相结合，优化规格尺寸，符合装配化施工的安装条件和公差配合要求；其管线设施设计要求预留孔洞或预埋管套。

作为工业化住宅设计中重要的环节之一，预制构件的设计还应协调几个层面之间的相互关系：

（1）采用适宜的建筑方案，掌握工业化住宅设计中的自身规律，充分发挥预制构件的功能和表现力；

（2）结构布置应根据选用预制构件及其连接的特点，力求规则、连续、均匀；预制构件设计是集生产、安装、使用等要求于一体，要对所有可能出现的设计状况逐一分析；

（3）提高预制构件的使用效率对其设计而言是重要的。一是合理制定预制构件的质量标准，二是通过预制构件可能发挥的建筑功能、生产和施工条件、运营维护需求等进行全面分析，合理集成技术和产品，提高预制构件的性价比。

2. 部品设计

住宅部品作为工业化应用技术的新载体，彻底改变了住宅建造方式，提高了住宅质量，最大限度地实现了内装部品工业化生产的

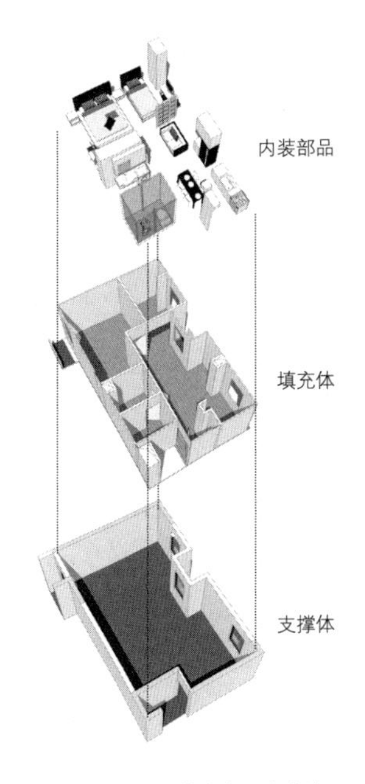

图 3-33 工业化住宅各层级拆解

通用化和规格化，既有效解决了住宅工业化中标准化与多样化之间的矛盾，又可大幅提高工业化成品住宅的整体水平，真正实现了住宅商品化与产业化的集约发展。住宅内装部品工业化的基础是在满足居住者不同需求的同时，形成新型的生产供给方式（图3-33）。

（1）集成化部品性能特征

集成化部品的研发因素主要有部品模数制、部品标准化、接口通用化和部品认定保障制度等方面。只有促进住宅部品体系的建立，才能使部品集成的发展更加通用化、系列化。

墙面、吊顶及地面系统是实现内装工业化主体、内装、管线分离设计理念的核心内容，目前常用的是树脂螺栓架空墙体系统、轻钢龙骨吊顶系统及地脚螺栓架空地板系统。

设计前期应考虑两个方面内容。第一，将可实现六面体架空的墙面、地面和吊顶系统进行技术梳理，明确各类系统的构造组成、技术优势、适用范围、经济指标、设计预留条件等。第二，通过寻找可国产化的、能实现SI理念的低成本部品，如采用低空间龙骨；通过优化设计的方法，如采用局部架空以减少层高的增加来实现内

住宅内装部品工业化在满足居住者不同需求的基础上，形成了新型的生产供给方式。

工业化住宅中的集成化部品主要指墙面、吊顶及地面系统，即架空墙体（双层贴面墙）、轻质隔墙、架空吊顶及架空地板，设计时应充分了解相关部品的概念及性能特征。

图 3-34 架空墙体示意

装、管线与主体结构的分离，同时降低成本，增加市场接受度。

·架空墙体（双层贴面墙）

架空墙体是通过在外墙室内侧采用树脂螺栓或轻钢龙骨、外贴石膏板，由工厂生产的具有隔声、防火或防潮等性能且满足空间和功能要求的墙体集成部品（图3-34、表3-10）。

普通墙体与架空墙体处理方式比较　　表 3-10

	普通墙体处理方式	架空墙体处理方式
提高效率、确保质量便于翻修	传统工程是在结构施工时，将水电管线预埋在墙体里	采用树脂螺栓、轻钢龙骨等架空材料形成架空墙体，实现结构墙体与内装管线完全分离，方便维修更新
找平层	水泥找平层，低效，质量不保证	不需要，采用石膏板粘贴壁纸，方便快捷
干式／湿式工法	湿式工法，施工环境较差	干式施工法，施工现场清洁，且墙体材料不易发霉
保温效果	通过轻体材料、构造增加其保温隔热效果	树脂螺栓架空，形成空气层，保温隔热效果增强

架空墙体的特征：

①架空层内敷设管线设备，实现了管线与主体结构的分离；

②设置检修口，方便设备管线检查和修理；

③墙体架空层内可喷涂保温材料，形成外墙内保温层体系，室内易达到舒适温度；

④与普通墙面的水平找平做法相比，石膏板材的裂痕率较低，且粘贴壁纸更方便快捷。

图 3-35 轻质隔墙示意

图 3-36 架空吊顶示意

·轻质隔墙

轻质隔墙是由工厂生产的具有隔声、防火或防潮等性能且满足空间和功能要求的装配式隔墙集成部品（图3-35、表3-11）。

普通隔墙与轻钢龙骨隔墙的比较　　表 3-11

	普通隔墙	轻钢龙骨隔墙
施工效率与质量	水、电管线埋在墙体里，工序复杂，施工效率较低	干法施工，质量轻、定位精度高、表面平整、可以被回收利用
空间布局	承重结构制约空间灵活性，变化可能性小	根据住宅的全寿命期，按照不同的需求变化改造住宅
拆除与改造	无法移动，若移动常会伤及结构墙体	后期维修、改造施工速度快
质量控制	现场湿作业，质量不易保证	工厂化生产，易控制施工质量
施工垃圾	产生垃圾多，施工现场卫生差	生产垃圾少，易运送，有利于环保

轻质隔墙的特征：

①架空层内敷设管线设备，实现管线与主体结构的分离；

②墙面处设置检修口，方便设备管线检查和修理；

③轻质隔墙节约空间，自重轻，抗震性能好，布置灵活；

④易于控制，质量精准度高于干法施工，施工速度快。

·架空吊顶

通过在结构楼板下吊挂具有保温隔热性能的装饰吊顶板，并在其架空层内敷设电气管线，安装照明设备等，这是一种集成化顶板部品体系。在满足管线敷设的基础上，尽可能地减少吊顶所占用的空间高度，以保证室内净高（图3-36）。

图 3-37 架空地板示意

架空吊顶的特征：

①架空层内敷设管线设备，实现管线与主体结构的分离；

②在安装设备的顶板处设置地面检修口，以方便管道检查和修理使用；

③架空吊顶具有一定的隔声效果。

·架空地板

架空地板是一种集成地面部品体系，它通过在结构楼板上采用树脂或金属螺栓支撑脚，在支撑脚上再敷设衬板及地板面层，形成架空层。架空地板的树脂支撑脚由刨花板做成的台板、树脂（或金属）做的支撑螺母和支撑螺栓（带隔声橡胶座）组成，可旋转支撑螺栓调整水平高度。通常有树脂螺栓和钢制螺栓两种，建议选用缓冲性好、脚感好、阻隔声桥的树脂螺栓（图3-37、表3-12）。

架空地板的特征：

①架空层内敷设管线设备，实现管线与主体结构的分离；

②架空地板有一定的弹性，可对容易跌倒的老人和孩子起到一定的缓冲作用；

③在安装分水器的地板处设置地面检修口，以方便管道检查和修理使用；

④在地板和墙面的交接处，留出3mm左右的缝隙，不仅能保证地板下空气的流通，还能达到预期的隔声效果。

普通地板（湿式）与架空地板（干式）铺设方式的比较　表 3-12

	普通地板（湿式）	架空地板（干式）
示意图		
地板平整度	对地坪平整度要求高，地板安装后极易受潮变形、翘曲	水平调整，简单易行；每个支撑脚都独立可调，缓解楼板不平带来的施工问题
施工周期	施工周期长，工序复杂；通常在铺贴 2 ~ 3 天内不得上人	施工周期短，工程简单；采用拼装式施工，可缩短施工周期，同时降低劳动强度
布线排管	各种线路和管道都要预埋在墙内或地下，一般用暗管布线施工	可方便地将各种线路和管道根据需要安放在地面上，并在架空层中自由穿行
隔声性能	地板直接接触楼板，隔声性能相对较差	隔声性能好；在支撑脚下放置缓冲橡胶，提升隔声性能
弹性与硬度	硬度较大，弹性较小，不利于老人和孩子的安全	架空地板有一定的弹性，硬度较小，对容易跌倒的老人和孩子可起到一定的保护作用

（2）模块化部品性能特征

模块化部品的建立是一个由小型部品或构件集聚为大部品的过程，小型部品是标准化控制的对象，模块化部品则是小型部品的组合，以通用单元的形式满足住宅的自由度和多样性。模块化部品建立的目的就是通过部品的标准化、多样化，组成高级部品的系列化单元库。随着产业化发展，其部品库的规模也会越来越庞大，需要有效地控制主要部品模块的种类，如整体厨卫和整体收纳等。

模块化部品就是将这几大类别的部品单元以模块的形式整体嵌入住宅中。这种高度整合的部品模块将大幅提升部品价值，简化设计和订购流程，增加部品的流通性能，也为居住者提供丰富的组合选择。模块化部品可解决部品之间最易出现的衔接问题。现场操作的节点变得越来越少，住宅部品整体稳定性得以提高，从而直接提升住宅成品的质量。

·整体厨房

整体厨房采用标准化内装部品，选型和安装应与建筑主体结构一体化设计和施工，其给水排水、燃气管线等应是集中设置、合理

模块化部品的建立是由小型部品或构件集聚为大部品的过程，将部品单元以模块的形式整体嵌入住宅中，例如整体厨卫、整体收纳凳。设计时应充分了解相关部品的概念及性能特征。

图 3-38 整体厨房示意

定位，并应设置管道检修口（图3-38）。

整体厨房的特征：

①操作功能集成——集储藏、洗涤、切配、烹饪功能于一体；

②厨房产品集成柜体、台面、五金件等厨房产品由工厂生产，现场进行统一拼装；

③管线设备集成——给水排水、燃气、采暖、通风、电气等设备管线整体设计，统一安装。

在住宅产业化的时代背景下，整体厨房更注重使用的舒适和便利功能。以松下公司的整体厨房解决方案为例，为了实现厨房最重要的功能——轻松烹饪，提出了“物置其所，操作更便捷”的理念。根据收纳物品的使用频率、使用场所，量身打造最佳的收纳位置，使顺手的空间中放置经常使用的物品。如：

①二段联动柜——有效利用空间，可轻松取到收纳于柜体深处的物品，特别适合冰箱上柜使用；

②升降吊柜——可以方便地储存一些常用物品，从而避免了空间的浪费；长达420mm的升降轨道可使吊柜随意降至伸手可及的高度，取用物品十分方便；拉篮左右两边设有重量调节杆，结合收纳物本身的重量，使拉篮的升降操作更轻松、省力；

③大型水槽——使用方便；体积大，易清洗，可自由拆卸；排水口位于水槽后部，可增加水槽的使用空间；

图 3-39 整体卫浴示意

④下拉调味柜——利用上、下柜之间的空间，可挂烹调用具、摆放料理瓶等小物件，升降自如，使用便利；

⑤抽屉式水槽下柜——增添了水槽下方空间的利用，储物方便、灵活。

·整体卫浴

整体卫浴是由工厂生产、现场装配的满足洗浴、盥洗和便溺等功能要求的基本单元，也是模块化的部品，配置了卫生洁具、设备管线，以及墙板、防水底盘、顶板等（图3-39）。

其主要特征在于，采用干湿分区方式、同层给水排水、通风和电气等管道管线连接应在设计时预留的空间内安装完成，并且应在给水排水、电气等系统预留的接口连接处设置检修口。

不同于传统湿作业内装方式，采用整体卫浴系统，需要从住宅设计阶段就开始介入，建设方和设计方要先选定提供方（部品商）或产品。整体卫浴厂商需对内部空间进行优化，并精细化设计施工图及工艺技术。

·整体收纳系统

收纳系统是住宅空间中不可或缺的组成部分，也时常是围合空间的基本元素，往往不是独立存在的，对其设计的手法也灵活多样，但均脱不开功能性、人性化、装饰性、便利性等基本要求。

整体收纳系统特征在于，采用标准化设计和模块化部品尺寸，

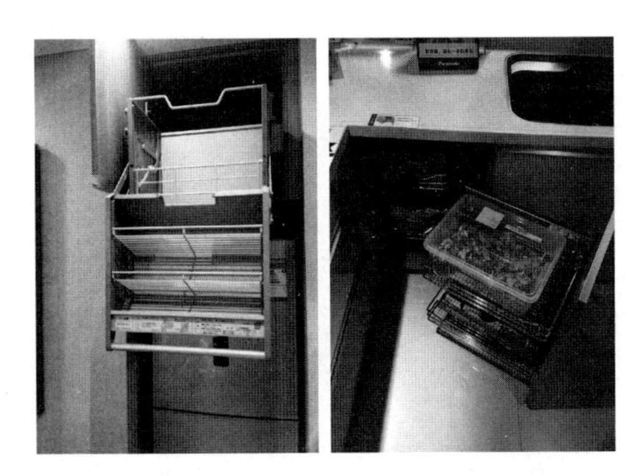

图 3-40 整体收纳示意

便于工业化生产和现场装配，既能为居住者提供更为多样化的选择，也具有环保节能、质量好、品质高等优点（图3-40）。工厂化生产的整体收纳部品通过整体集成、整体设计、整体安装，从而实现产品标准化、工业化的建造，可避免传统设计与施工误差造成的各种质量隐患，全面提升了产品的综合效益。

设计整体收纳部品时，应与部品厂家协调，满足土建净尺寸和预留设备及管线接口的安装位置要求，同时还要考虑这些模块化部品的后期运维问题。

同时，应综合空间布局、使用需求，充分考虑装饰性、便利性，对物品种类和数量进行设置，其位置、尺度、容积应能满足相应功能需要。宜在玄关、餐厅、起居、卧室、厨卫、走廊设置收纳，宜结合隔墙、走廊设置收纳，或设置独立的收纳空间。

整体收纳系统具体包括专属收纳空间模块和辅助收纳空间两部分。对于没有条件设置独立收纳空间的套型，可以设置辅助收纳空间，分析实践经验可以发现，辅助收纳面积适当增加，更有利于实现其他功能空间的整洁与舒适。专属收纳空间模块是针对有条件设置独立收纳空间的套型，其中包括：

①门厅收纳部品模块——住宅入户的位置应设置门厅柜，包括鞋柜、衣柜和零散物品收纳柜等，这是收纳功能中的必需部分；

②过道收纳部品模块——结合走廊位置设置具有较强收纳功能的走廊壁柜；

③卧室收纳部品模块——可结合卧室空间布局，综合考虑主卧

室和次卧室的嵌入式衣柜，布置时不应破坏卧室的空间完整性；

④起居室收纳部品模块——根据起居室使用需求，结合电视柜、书柜、茶几等成品家具进行收纳设置；

⑤厨房收纳部品模块——主要包括炊具收纳和食材收纳两类，按照其使用频率及大小形状，设置在不同的柜体空间内（与整体厨房结合设计）；

⑥卫生间收纳部品模块——坐便器旁设置纸类用品、清洁用品的储藏空间，洗脸盆旁设置毛巾、洗漱用品、化妆品、洗涤用品储藏空间，淋浴器附近设置浴液、洗发液、浴巾、换洗衣物等物品的储藏空间（与整体卫浴结合设计）；

⑦家务间收纳部品模块——合理设置衣物暂时储存、洗涤用品和清洁用具等的收纳空间；

⑧阳台收纳部品模块——主要分为生活阳台和家务阳台两类。生活阳台设置花盆、植物、座椅、茶桌等及相应的收纳空间，家务阳台可设置晾衣架、拖把、扫帚等清洗用具及相应的收纳空间。

接口设计应注重其独立性、标准化、通用性以及稳定与耐久性，满足施工要求，做到位置固定、连接合理、拆装方面、坚固耐用以及使用可靠。

3. 接口设计

（1）接口设计基本原则

部品接口设计应注重相对独立性、标准化以及通用性，为后期住宅使用过程中可能发生的维护更新提供可能。

其次，在实现住宅长寿化的道路上，除了通过提高住宅支撑体的物理耐久性，使得住宅寿命得以延长以外，支撑体结构与填充体之间的接口也需要保证其稳定性和耐久性，满足施工要求，并且应做到位置固定、连接合理、拆装方便、坚固耐用及使用可靠。

例如，各类接口尺寸应符合公差协调要求，制作公差及部品安装时产生的安装公差也会使接口安装处出现连接空间或空隙，可采用接口构造调整或填充体调整的方法实现严密安装。后施工的部品构件应负责填补空隙，先施工的部品构件不得侵犯后施工部品构件的领域，施工完成面不得越过基准面（图3-41）；设在有防水要求部位的接口应有可靠的防水措施；不同部品之间的衔接，先装应为后装部品预留接口，预留接口应与后装部品接口匹配，预留接口的选型应考虑通用性，接口用材应高强耐久；接口构造形式应考虑部

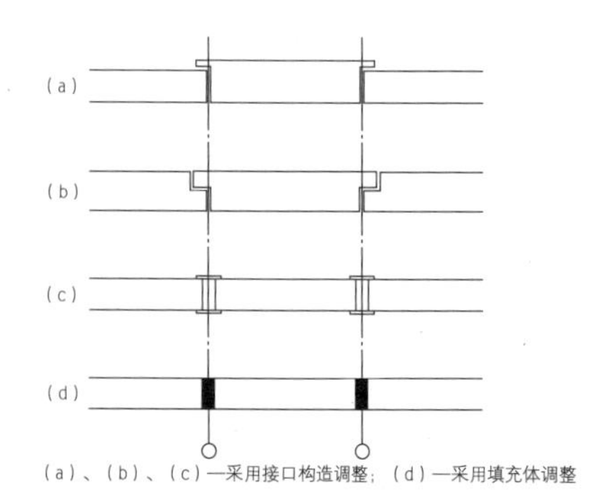

图 3-41 连接空间与严密安装

工业化住宅理念中，不损害住宅主体结构的前提下进行部品更换是重要的原则，以日本CHS体系为参考，按照耐用年限进行部品群划分和部品耐用等级限定，并采用优先之后原则进行连接，可降低住宅改建的成本和难度，保证住宅性能和长寿化。

品反复拆装的可操作性，并应满足所在部位的受力、防火、隔声、节能、防水等性能需要。另外，在接口材料上，应适应接口使用环境的温度、湿度等条件，选择绿色环保、可循环使用的材料。

（2）系统化部品模块

在工业化住宅理念中，在不损害住宅主体结构的前提下进行部品更换是极其重要的原则，而这就需要部品处于相对独立且分离的状态，即当更换其中某一个临近使用年限的部品时，不至于影响到其他耐用年限较长的部品。以日本CHS体系为参考，在该体系的众多原则要点中，按照耐用年限划分部品模块，并采用优先滞后的原则进行连接是其最大的特点和独有的思想（表3-13）。

优先滞后原则，是即将耐用年限短的部品模块“滞后”于耐用年限长的部品模块进行装配。并尽可能避免在更换耐用年限较短的部品模块时对耐用年限较长的部品模块产生影响。部品模块和内装模块的尺寸、定位互相关联。通过模块化设计与系列化设计，建立统一的协调模数网格体系，实现结构、部品、设备之间的有机结合。综合考虑部品的属性特征、使用部位、技术方式等，将部品模块进行划分，可以依据：

①楼板、吊顶、内隔墙的区分；

②功能、性能、设计的区分；

③施工工法种类的区分；

④生产与流通体制的区分；

⑤住宅所有制的区分；

CHS 优先滞后原则 表 3-13

设计上的“优先”与“滞后”	部品模块衔接上的优先滞后原则
A 优先 B 滞后	A 优先：耐用年限较长的部品模块 B 滞后：耐用年限较短的部品模块
B A A B	B A B ○ B A ✕

⑥改建中移动位置的需要；

⑦设定“部品耐用性等级”。

针对“部品耐用性等级”，在CHS项目的《百年住宅系统指南》中，提出了9个在划分部品群时需要考虑的角度，其中不仅考虑到了耐久性程度、所有权、灵活性，还提出了习惯、功能、施工和流通的方便等方面，具有一定的参考价值（表3-14）。最终形成了五种类型，耐用年限分别为：04型3~6年，08型6~12年，15型12~25年，30型25~50年，60型50~100年（图3-42）。

部品群划分和部品群耐用性等级的设定，需要对具体的产品进行讨论，项目定位、具体构造做法和各部分所采用的部品的不同，也会影响到设定的结果。以下是CHS项目中一个耐用性等级的设定案例（表3-15），可作为形式上的参考。

我国《CSI住宅建设技术导则》中，也提出了按照使用年限进行分类，但其设定的分类为05型、10型、20型、30型、50型，分别对应着不低于5年、10年、20年、30年、50年的使用和更换周期。

建立不同耐用年限的部品类型可以降低住宅改建时的成本和难度，使住宅居住性能得到了长效保证，实现了住宅长寿化的目标。

（3）部品模块间的连接

在SI住宅建设系统中，不但对每个部品模块都进行耐用性能的设定，而且必须设计相应的部品模块之间的连接和构造方式。原则上，耐用年限短的部品模块，相对于耐用年限长的部品模块，在设

CHS 部品群的划分依据　　表 3-14

a 按一般情况整合划分
b 按照功能整合划分
c 按照移动等使用的方便整合划分
d 按耐久性程度整合划分
e 按施工的工种划分
f 按照施工中工程整合划分
g 对应生产组织和流通组织的需求划分
h 依据不破坏组合的灵活性划分
I 按照居住时区分权属等方面整合划分

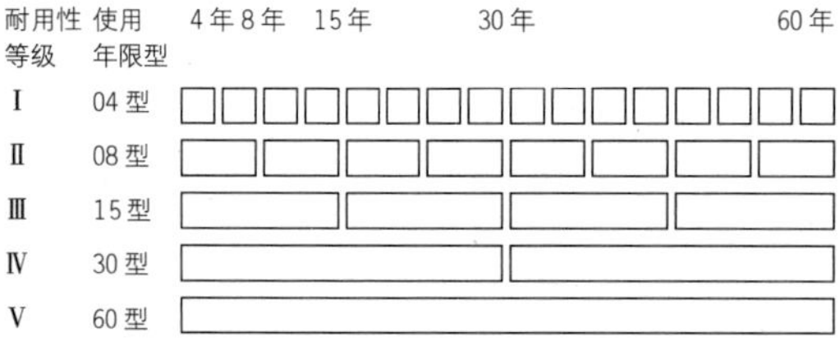

耐用性等级 使用年限型　4 年 8 年　15 年　30 年　60 年

Ⅰ　04 型

Ⅱ　08 型

Ⅲ　15 型

Ⅳ　30 型

Ⅴ　60 型

图 3-42 耐用性等级与部品群的设定更换、互换周期

耐用性等级的设定案例　　表 3-15

部品群	说明	类型
整体卫浴	浴缸	08
	其他	08，30
地板		30
贴面墙		08，30
吊顶		30
隔墙		08，30
内部拉门		30
橱柜（包括门）		08，15，30
地板面层		04，08，15
厨房用品	橱柜	15
	加热设备	08
洗面化妆台		15
换气体系	风管	30
	抽油烟机	08
	换气扇	08
采暖、热水、制冷体系	产热部分	30
	传输部分	08
	末端设备	08
配管	专用部分	30
	共用部分	30，60
配线		60
末端卫生器具	本体	30
	耗材及零部件	04，08

在工业化住宅建设中，针对相应部品模块之间连接和构造方式的设计也应得到重视。耐用年限短的部品模块在设计上定位“滞后”，具体可使用“部品模块连接图”这一方法。

计上定位“滞后”，必须采用维修更换时不能让对方受损伤的连接方式和构成方法。

对于整理及标记的方法没有特别的规定，制作如表3-16所示的“部品模块连接图”是有效的方法之一。其中，○表示了纵栏的部品模块对比起横栏的部品模块在问题解决方面为“优先”，更新时不应该产生障碍；*1~*3表示了纵栏的部品模块比横栏的部品模块在问题解决方面为“滞后”，但对住宅更新方面有所改善；空白栏表示了纵栏与横栏间相互不关联的部品。

CHS 部品群连接例表

表 3-16

		60 型		30 型												15 型									08 型				
		地基	骨架	屋顶	外墙	室外开口部	室外设备	室内一次装修	室内装修	室内地板A	室内墙壁A	室内顶棚A	管线	管道	卫浴洁具	间壁墙	室内地板B	室内墙壁B	室内顶棚B	室内设备机器	电器	冷暖气设备/热水供给设备	单元式浴室	单元式收纳箱	室内地板C	室内墙壁C	室内顶棚C	间壁墙B	浴缸
60型	地基																												
	骨架	○																											
30型	屋顶		○																										
	外墙		○	○																									
	室外开口部		○		○																								
	室外设备		○		○	○																							
	室内一次装修		○																										
	室内装修							○																					
	室内地板 A		○					○																					
	室内墙壁 A		○					○		○																			
	室内顶棚 A		○					○			○																		
	管线		○		○						○	○																	
	管道	*1	*2		○					○																			
	卫浴洁具									○				○															
15型	间壁墙		○					○		○	○	○																	
	室内地板 B		○					○			○				*3	○													
	室内墙壁 B		○					○		○	○	○			*3		○												
	室内顶棚 B		○					○			○	○				○		○											
	室内设备机器							○		○	○		○	○			○												
	电器							○				○	○						○										
	冷暖气设备、热水供给设备							○					○	○															
	单元式浴室		○		○								○	○		○						○							
	单元式收纳箱		○					○		○	○	○					○	○	○										
08型	室内地板 C		○								○				*3		○		○		○			○					
	室内墙壁 C		○							○	○	○			*3		○	○	○	○	○				○				
	室内顶棚 C		○								○					○		○		○	○			○		○			
	间壁墙 B							○		○	○	○					○	○	○										
	浴缸													○						○									

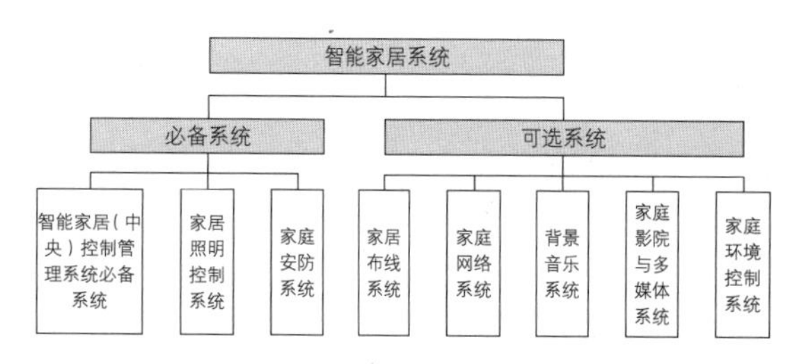

图 3-43 智能家居系统子系统图

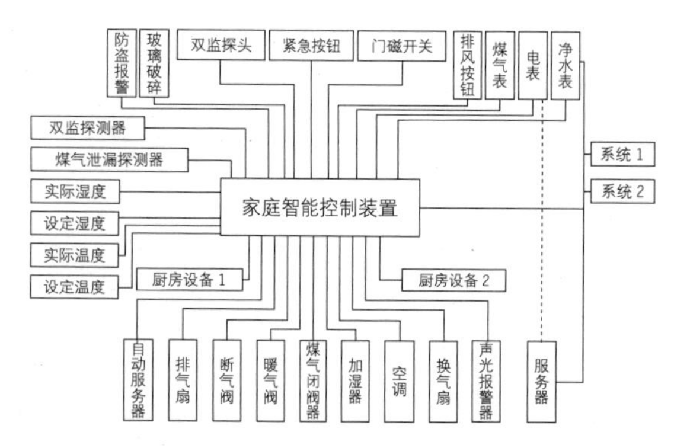

图 3-44 家居智能技术系统图

信息智能技术在住宅中的集成与应用是未来发展的趋势。例如，利用智能家居系统可以将各个子系统有机结合，通过网络化智能控制、管理，提升安全性、便利性和舒适性等。

3.4 信息智能技术集成

3.4.1 智能家居与能源可视化系统

1. 智能家居

智能家居系统是利用先进的计算机技术、网络通信技术、综合布线技术，依照人体工程学原理，融合个性需求，将与家居生活有关的各个子系统有机地结合在一起，通过网络化综合智能控制和管理，提升家居的安全性、便利性、舒适性、艺术性，实现更加便捷适用的生活环境和全新的家居生活体验，提高用户对绿色建筑的感知度。

从其系统组成来看，智能化服务系统包括智能家居监控服务系统或智能环境设备监控服务系统，具体包括家电控制、照明控制、安全报警、环境监测、建筑设备控制、工作生活服务（如养老服务预约、会议预约）等系统与平台。控制方式包括电话或网络远程控制、室内外遥控、红外转发以及可编程定时控制等（图3-43）。

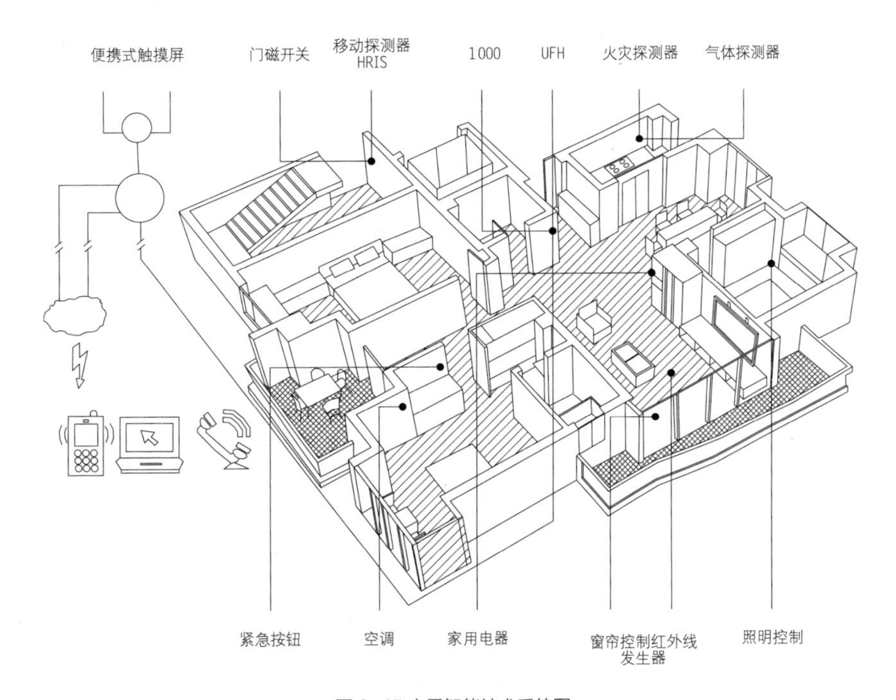

图 3-45 家居智能技术系统图

智能家居系统设计可以根据当前技术、产品、应用现状，给出不同等级所应具备的功能配置，为不同需求的使用者提供多样化的选择。此外，智能家居系统设计还应考虑地理位置的因素，比如在北方的建筑，对采暖、新风系统的智能化控制比较关注；而在南方，住宅的空调、除湿等智能化功能可能更加实用。

同时，智能化服务系统还应具备远程监控功能，使用者可通过以太网、移动数据网络等，实现对建筑室内物理环境状况、设备设施状态的监测，以及对智能家居或环境设备系统的控制、对工作生活服务平台的访问操作，从而有效提升服务便捷性（图3-44）。

在管理维护方面，智能化服务系统如果仅由物业管理单位来进行的话，其信息更新与扩充的速度和范围一般会受到局限，如果智能化服务平台能够与所在的智慧城市（城区、社区）平台对接，则可以有效地实现信息和数据的共享与互通，实现相关各方的互惠互利。智慧城市（城区、社区）的智能化服务系统的基本项目一般包括智慧物业管理、电子商务服务、智慧养老服务、智慧家居、智慧医院等。

图 3-46 住区的环境设计

能源可视化系统可以帮助用户对能源消耗进行集中管理，在兼顾居住舒适性的同时实现节能环保的目标。

在绿色低碳与智能技术方面，住宅可通过屋顶绿化技术、铝合金百叶外遮阳集成技术、LED节能型灯具集成技术等具体手段，实现住区的可持续发展。

2. 节能减排的可视化设计

家庭能源管理系统HEMS（Home Energy Management System）是一种兼顾家庭居住舒适性与节能环保的能源管理系统。其采用“可视化”设计，能够及时掌握家庭的用电情况，除了能让用户通过家里的电视或监视器简单地了解自家的用电信息之外，还能通过对能源消耗的统一管理，并根据用户的行为习惯和天气信息向用户提出高效用电的可行性建议。

除家用电器之外，家庭能源管理系统还能与能源机器、住宅设备仪器、EV（电动汽车）、家庭网关、电表相连接，实现对家庭的能源集中管理。此外，该系统还可以连接室外的电力系统、信息系统以及附近的社区网络（图3-45）。

3.4.2 实现绿色低碳的智能技术

为了应对21世纪“低能耗经济增长”和达到“能源供需平衡”等重大可持续发展课题，工业化住宅项目在也需要制定可持续性建设的方针，应用绿色低碳的住宅产业化技术手段。

住宅项目在开发建设时，应结合当地的气候条件，尽最大努力保护既有地形、土壤、树木、水面，以及动植物的生存环境（图3-46）。这既是对当地原有生态系统稳定平衡的维持，也是居住者对原有住区环境美好记忆的延续。从自然界中获得可再生和可重复利用的、洁净的自然能源，以及提高太阳能、浅层地能、风能、生物质能等可再生能源在建筑用能中的比重，降低石化能源消耗，让可再生能源走入每一户家庭。此外，综合各项新技术、采用新设

图 3-47 屋顶绿化示意

备、运用新能源和新媒介，可以使住区实现可持续性建设与发展。

1. 屋顶绿化技术

屋顶绿化的涵盖面不单单是屋顶种植，还包括露台、天台、阳台、墙体、地下车库顶部、立交桥等一切不与地面、自然、土壤相连接的各类建筑物和构筑物的特殊空间的绿化（图3-47）。它是人们根据建筑屋顶结构特点、荷载和屋顶上的生态环境条件，选择生长习性与之相适应的植物材料，通过一定技术，在建筑物顶部及一切特殊空间建造绿色景观的一种形式。

2. 铝合金百叶外遮阳集成技术

遮阳技术的应用是当今实现建筑节能的重要措施之一。遮阳设施能够有效减弱进入室内的太阳辐射热，降低空调负荷，减少玻璃幕墙的光污染，避免产生眩光，改善采光均匀度。建筑遮阳技术已从早先的柔性内遮阳向目前的刚性外遮阳发展。铝合金百叶帘不但隔热、调光、反射紫外线性能优异，且耐候性佳、轻质高强、色彩丰富、安装便捷、操作方便，越来越受到建筑设计师的青睐。

3. LED节能型灯具集成技术

LED即半导体发光二极管，LED节能灯是用高亮度白色发光二极管发光源，具有光效高、耗电少、寿命长、易控制、免维护、安全环保的特点；是新一代固体冷光源，其光色柔和、艳丽、丰富多彩、低损耗、低能耗、绿色环保，适用家庭、商场、银行、医院、宾馆、饭店等各种场所中长时间的照明。

第 4 章　技术

4.1　主体结构体系形式及要求

工业化住宅建筑设计应结合经济性和可实施性，选择适宜的结构体系。不同结构种类和形式的选择需要综合考虑住宅的建设条件、主体规模和形式等因素。

对于SI住宅体系的支撑体而言，无论采用哪种结构种类，都要以其耐久性为前提。可以通过基础及结构牢固、加大混凝土保护层厚度、定期涂装或装修加以保护等措施，提高主体结构的耐久性能。同时，最大可能地减少结构所占空间，使填充体部分的使用空间得以释放。同时要预留单独的配管配线空间，不把各类管线埋入主体结构，以方便检查、更换和增加新设备。

目前，国际上普遍采用的工业化住宅结构包括钢筋混凝土结构、钢结构、木结构等，以钢筋混凝土结构最为常用。

工业化住宅应综合考虑建设条件、主体规模和形式等因素，选择适宜的结构体系。目前，国际上普遍采用的工业化住宅结构包括钢筋混凝土结构、钢结构、木结构等。

装配式混凝土结构最为常用，包括装配整体式框架结构、装配整体式剪力墙结构、装配整体式框架—现浇剪力墙结构。

4.1.1　装配式混凝土结构

装配式混凝土结构是指，由预制混凝土构件通过可靠的连接方式装配而成的混凝土结构，包括装配整体式混凝土结构、全装配混凝土结构等。为了保证支撑体结构具有更长的寿命，我国出台了各种规范、标准，为支撑体结构的设计提供了依据。

1. 装配式混凝土结构分类

装配整体式混凝土结构是指，由预制混凝土构件通过可靠的连接方式进行连接并与现场后浇混凝土、水泥基灌浆料形成整体的装配式混凝土结构，简称装配整体式结构。其应具有良好的整体性，

装配式混凝土结构最大适用高度（m）　　表 4-1

结构类型	非抗震设计	抗震设防烈度			
		6度	7度	8度（0.2g）	8度（0.3g）
装配整体式框架结构	70	60	50	40	30
装配整体式框架－现浇剪力墙结构	150	130	120	100	80
装配整体式剪力墙结构	140（130）	130（120）	110（100）	90（80）	70（60）
装配整体式部分框支剪力墙结构	120（110）	110（100）	90（80）	70（60）	40（30）

目的是保证结构在偶然作用发生时具有适宜的抗连续倒塌能力。

装配整体式结构进一步可以细分为装配整体式框架结构、装配整体式剪力墙结构、装配整体式框架—现浇剪力墙结构。根据这三种结构的特点，对于SI体系所要求的提供大空间的适宜性来说，框架结构最优，框架—现浇剪力墙结构其次，剪力墙结构更次之。

（1）装配整体式框架结构

装配整体式混凝土框架结构，指的是全部或部分框架梁、柱采用预制构件建成的装配整体式混凝土结构，简称装配整体式框架结构。其具有整体性好、耐久性强、结构稳定、空间易划分、施工简单等优点。当采取了可靠的节点连接方式和合理的构造措施后，其性能可以等同现浇混凝土结构，因此，两者最大适用高度基本相同。如果节点及接缝构造措施的性能达不到现浇结构的要求，其最大适用高度应适当降低（表4-1）。

（2）装配整体式剪力墙结构

装配整体式剪力墙结构，指的是全部或部分剪力墙采用预制墙板构建成的装配整体式混凝土结构，简称装配整体式剪力墙结构。其结构布置时，应沿着两个方向布置剪力墙，同时剪力墙的界面宜简单、规则，自下而上宜连续布置，避免层间侧向刚度突变；预制墙的门窗洞口宜上下对齐、成列布置。

在装配整体式剪力墙结构中，墙体之间接缝数量多且构造复杂，接缝的构造措施及施工质量对结构体的抗震性能影响较大，使其结构抗震性能很难完全等同于现浇结构。

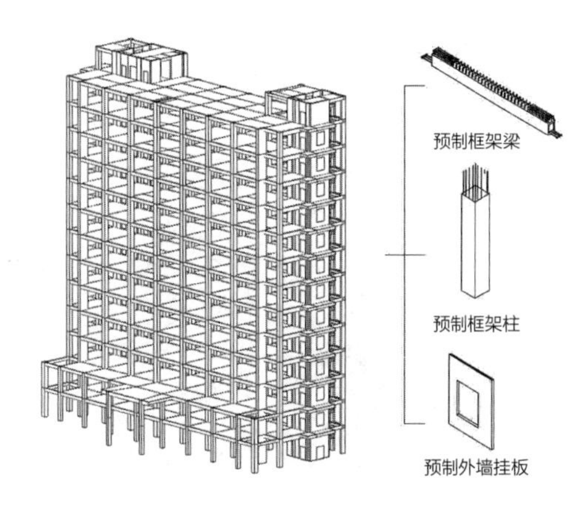

图 4-1 框架—剪力墙结构示例

因此，装配整体式剪力墙结构最大适用高度相比于现浇结构适当降低。当预制剪力墙数量较多时，即预制剪力墙承担的底部剪力较大时，对其最大适用高度限制更加严格。

在装配式混凝土结构设计中，应采取有效措施加强结构的整体性；宜采用高强混凝土、高强钢筋；节点和接缝应受力明确、构造可靠；设计过程中应按模数化、标准化设计；应注意各专业精细化协同设计等要求。

（3）装配整体式框架—现浇剪力墙结构

装配整体式框架—现浇剪力墙结构（图4-1）中，框架的性能与现浇框架等同，因此整体结构的适用高度与现浇的框架—剪力墙结构相同。当框架采用预制预应力混凝土装配整体式框架时，最大适用高度比框架用现浇结构降低了10m。

2. 装配式混凝土结构设计要求

首先，应采取有效措施加强结构的整体性。装配整体式结构的设计，是在选用可靠的预制构件受力钢筋连接技术的基础上，采用预制构件与后浇混凝土相结合的方法，通过连接节点合理的构造措施，将预制构件连接成一个整体，保证其具有与现浇混凝土结构等同的延性、承载力和耐久性能，达到与现浇混凝土结构性能基本等同的效果。

其整体性主要体现在预制构件之间、预制构件与后浇混凝土之间的连接节点上，包括接缝混凝土粗糙面及键槽的处理、钢筋连接锚固技术、设置的各类联系钢筋、构造钢筋等。

其次，装配式结构宜采用高强混凝土、高强钢筋。预制构件在工厂生产，便于采用高强混凝土材料；采用高强混凝土可以提早脱模，提高生产效率，减小构件尺寸，便于运输吊装。采用高强钢筋，可以减小钢筋数量，简化连接节点，便于施工，降低成本。

预制外墙生产施工过程　　表 4-2

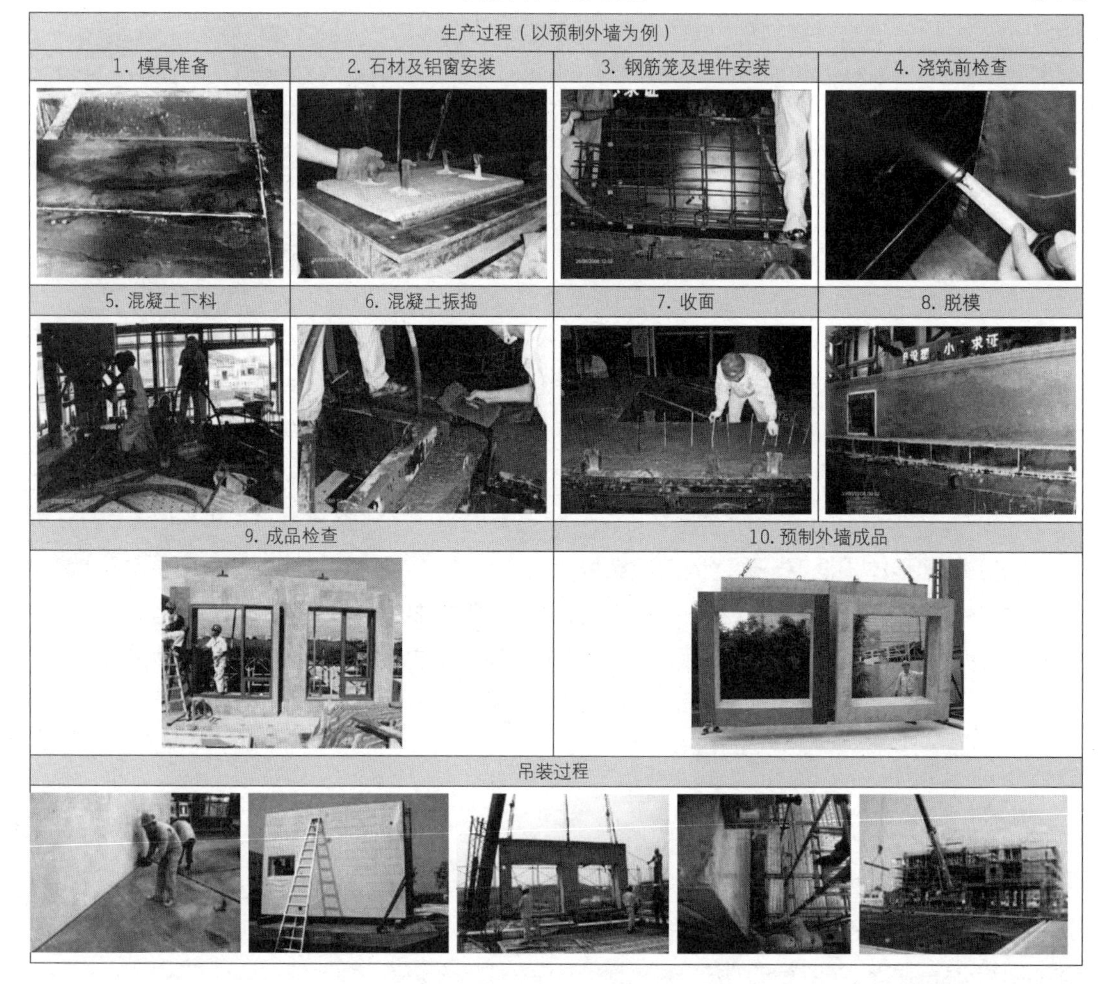

另外，装配式结构的节点和接缝应受力明确、构造可靠，一般采用经过充分的力学性能试验研究、施工工艺试验和实际工程检验的节点做法。节点和接缝的承载力、延性和耐久性等要求一般通过构造要求、施工工艺要求等来实现，必要时应对节点和接缝的承载力进行验算。

最后，应根据连接节点和接缝的构造方式和性能，确定结构的整体计算模型。装配式结构的整体计算模型与连接节点和接缝性能有关，与现浇混凝土结构有一定区别。

设计过程中应按模数化、标准化设计，并尽量在构件的拆分设计中统筹考虑相似构件的统一性。例如，外墙的门窗洞口统一，梁、柱的截面统一，阳台构件的外观尺寸统一等。立面设计要充分利用工厂化工艺和装配条件，提高构件部品的标准化程度，简化其加工和现场施工，其中预制混凝土外挂墙板通过模具浇筑成型（表4-2），骨架外墙和幕墙多种材质组合，形成装饰效果。

各专业精细化协同设计预制混凝土构件作为定型成品与结构主体组装，与此相关的各专业预留洞口、预埋管线等与构件生产同步，所以要求土建、设备各专业进行精细化、一体化协同设计；应给构件编号定位，这样在后期安装时才会准确有序；构件之间的连接方式直接影响到组装后的效果和安装时工人的劳动强度，连接件设计需要简单而有效。

装配式钢结构建筑指的是建筑的结构系统由钢部（构）件构成的装配式建筑，可根据建筑功能、建筑高度及抗震设防烈度等选择结构体系。例如钢框架结构、钢框架-支撑结构、钢框架-延性墙板结构、钢框架-内筒体系等。

4.1.2 装配式钢结构、木结构

装配式钢结构建筑指的是建筑的结构系统由钢部（构）件构成的装配式建筑。

1. 装配式钢结构分类

装配式钢结构建筑可根据建筑功能、建筑高度以及抗震设防烈度等选择下列结构体系：钢框架结构、钢框架—支撑结构、钢框架—延性墙板结构、筒体结构、巨型结构、交错桁架结构、门式刚架结构、低层冷弯薄壁型钢结构。当有可靠依据，通过相关论证，也可采用其他结构体系，包括新型构件和节点。从常用的装配式钢结构类型来看：

（1）钢框架结构是指沿房屋的纵、横两个方向均由框架作为承重和抵抗水平抗侧力的主要构件所组成的结构类型；

（2）钢框架—支撑结构是指以框架体系为基础，沿房屋的纵、横两个方向布置一定数量的竖向支撑所形成的结构类型；

（3）钢框架—延性墙板结构是由钢框架和剪力墙共同组成的混合结构体系；

（4）钢框架—内筒体系是由钢框架和抗侧力筒共同组成的混合结构类型。

不同类型的结构适用高度 表 4-3

结构类别	结构体系		适用住宅类型	适用高度（m），不大于				
				非抗震设防	抗震设防烈度			
					6	7	8	9
钢结构	轻型截面钢结构	框架结构	低层住宅	9	9	9	/	/
		框架—支撑结构	多层住宅	18	18	18	/	/
	普通钢结构	框架结构	多层及中高层住宅	36	36	36	30	18
		框架—支撑结构	中高层及高层住宅	90	90	90	90	90
钢—混凝土混合结构	悬挂楼盖—框架结构	混凝土异型柱框架	多层复式住宅	18	18	18	/	/
		钢或混合框架	多层及中高层复式住宅	36	36	36	18	/
		框架—剪力墙（核心筒）		36	36	36	18	/
	混合框架结构		多层及中高层住宅	36	36	36	36	25
	钢框架—剪力墙（核心筒）结构		中高层及高层住宅	90	90	90	90	50（70）
	混合框架—剪力墙（核心筒）结构			90	90	90	90	50（70）

不同结构类型在高度上的主要适用条件有所不同，如表4-3所示，各结构体系所适用的地区（烈度）也可参考此表。

在装配式钢结构设计中，应充分发挥其在工厂生产和施工方面的优势。同时，应满足结构体系设计、结构布置以及防火处理等方面的要求。

2. 装配式钢结构设计要求

装配式钢结构建筑在施工方面具有较大的优势，钢结构构件及有关部品在工厂制作，减少现场工作量，缩短施工工期，符合产业化的要求。同时，钢结构工厂制作质量可靠，尺寸精确，安装方便，易与相关构件及部品配合。例如，在钢框架结构中，施工过程可以简述为：加工准备→构件制作→节点制作→构件安装→混凝土施工。

在设计要求方面，装配式钢结构建筑的结构设计应符合现行国家标准的规定，结构的设计使用年限不应少于50年，其安全等级不应低于二级。

在结构体系方面，具体要求如下：

（1）应具有明确的计算简图和合理的传力路径；

（2）应具有适宜的承载能力、刚度及耗能能力；

（3）应避免因部分结构或构件的破坏而导致整个结构丧失承受重力荷载、风荷载和地震作用的能力；

（4）应对薄弱部位应采取有效的加强措施。

在结构布置方面，具体要求如下：

（1）结构平面布置宜规则、对称；

（2）结构竖向布置宜保持刚度、质量变化均匀；

（3）结构布置应考虑温度作用、地震作用或不均匀沉降等效应的不利影响，当设置伸缩缝、防震缝或沉降缝时，应满足相应的功能要求。

另外，为了使得钢结构材料在实际应用中克服防火方面的不足，必须进行相应防火处理，将钢结构的耐火极限提高到设计规范规定的极限范围，防止钢结构在火灾中迅速升温发生形变塌落。

装配式木结构是指，采用工厂预制的木结构组件和部品，以现场装配为主要手段建造而成的结构，包括装配式纯木结构、装配式组合木结构和装配式木混合结构等。在具体设计中，应满足结构体系设计方面的各项要求。

3. 装配式木结构分类与设计要求

装配式木结构是指采用工厂预制的木结构组件和部品，以现场装配为主要手段建造而成的结构，包括装配式纯木结构、装配式组合木结构和装配式木混合结构等。由于装配式木结构建筑的预制单元分为预制梁柱构件或组件、预制板式组件和预制空间模块组件，因此，按预制单元的划分规定，方木原木结构、胶合木结构、轻型木结构和正交胶合木结构均属于装配式木结构建筑。

预制空间组件是装配式木结构建筑发展的趋势之一，将预制空间组件进行平面或立体的组合，就能构成不同使用功能的木结构建筑。预制空间组件可以按建筑的使用功能、建筑空间的设计要求和结构形式进行组件划分。对于可以整体吊装或移动、独立具有一定使用功能的整体预制木屋，也可按预制空间模块组件作为装配式木结构建筑的一种。

在结构设计方面，具体要求如下：

（1）装配式木结构的设计基准期应为50年，结构安全等级应符合现行国家标准的规定。装配式木结构组件的安全等级，不应低于结构的安全等级；

（2）应满足承载能力、刚度和延性要求；

（3）应采取加强结构整体性的技术措施；

（4）结构应规则平整，在两个主轴方向的动力特性的比值不应大于10%；

（5）应具有合理明确的传力路径；

（6）结构薄弱部位应采取加强措施；

（7）应具有良好的抗震能力和变形能力。

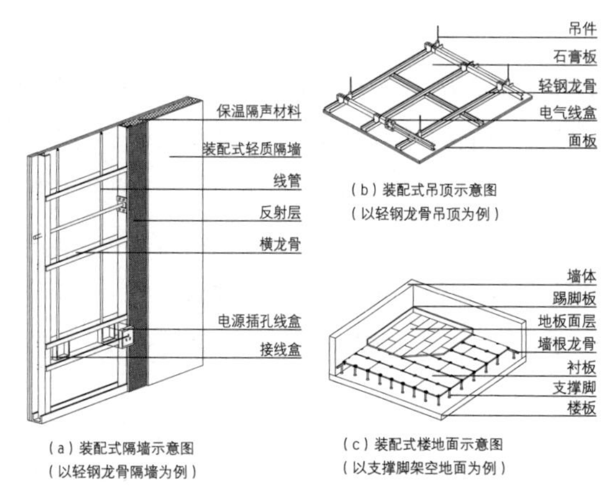

图 4-2 内间系统构造设计原理图示

“墙·顶·地”内间系统包括由工厂生产的、满足空间和功能要求的隔墙、吊顶和架空地板等集成化部品。

内间系统的集成化部品是内装体实现干法施工工艺的基础。既可满足管线分离的设计要求，也有利于装配式内装生产方式的集成化建造与管理。

4.2 内装墙·顶·地系统

“墙·顶·地”内间系统包括由工厂生产的、满足空间和功能要求的隔墙、吊顶和架空地板等集成化部品，又称之为装配式隔墙、吊顶和楼地面（图4-2）。

其指的是由工厂生产的，具有隔声、防火、防潮等性能，且满足空间功能和美学要求的部品集成，并主要采用干式工法装配而成的隔墙、吊顶和楼地面。

以轻钢龙骨石膏板体系的装配式隔墙、吊顶为例，其主要特点如下：

（1）干式工法，实现建造周期缩短；

（2）减少室内墙体占用面积，提高建筑的得房率；

（3）防火、保温、隔声、环保及安全性能全面提升；

（4）资源再生；

（5）空间重新分割方便；

（6）健康环保性能提高，可有效调整湿度增加舒适感。

总体而言，内间系统的集成化部品是内装体实现干法施工工艺的基础。既可满足管线分离的设计要求，也有利于装配式内装生产方式的集成化建造与管理。

装配式轻质隔墙、吊顶和架空地板部品设计应符合抗震、防火、防水、防潮、隔声和保温等国家现行相关标准的规定，并满足

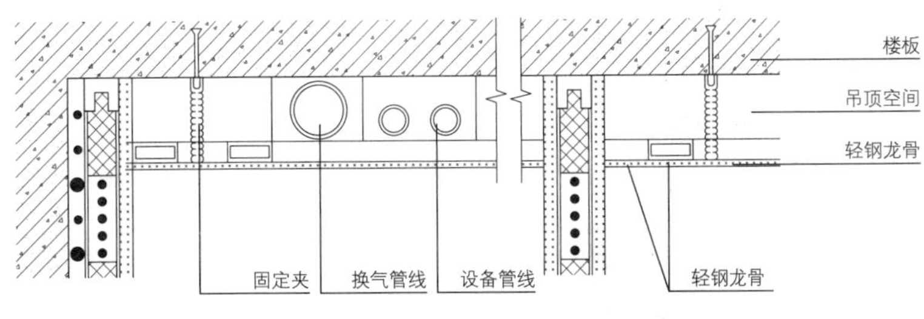

图 4-3 装配式吊顶工法

生产、运输和安装等要求。其中，室内分户隔墙应满足防火和隔声要求；厨房及卫生间分隔墙、吊顶和楼地面部品应满足防水、防火要求。

在设计选型上，应根据室内功能、装修风格、具体使用情况等进行装配式吊顶设计和材料的选用。常用的吊顶方式为轻钢龙骨吊顶与木龙骨吊顶。

4.2.1　装配式吊顶

1. 设计选型

吊顶应采用装配式部品，吊顶和结构楼板之间形成架空空间，可铺设电气管线、安装灯具，并设置检修口，这是为了保证装修质量和效果的前提下，便于维修，从而减少剔凿，保证建筑主体结构在全寿命期内安全可靠。同时，现场施工采用干作业，提高施工效率和精度，施工程序明了，铺设位置明确，施工期间易于管理与操作，完工后易维修改造。

吊顶具有功能空间划分和装饰作用，应根据室内功能及装修整体风格进行设计和选用材料。此外，吊顶部品的选择，直接影响到吊顶的使用功能和耐久性，应结合室内空间的具体使用情况，合理选用吊顶形式及施工方法。

常用两种吊顶方式为轻钢龙骨吊顶与木龙骨吊顶。

根据材料特性来看，轻钢龙骨防火防潮防霉，强度高不变形，大面积平顶时施工速度快。缺点是无法做出较复杂的造型，木龙骨骨架易受潮变形，导致面板开裂，另外不防火防蛀，但是易切割，好加工，适于比较复杂的造型或者小面积吊顶。

2. 技术要点

装配式吊顶（图4-3）应注意以下技术要点：

图 4-4 吊顶施工示意

在技术要点上，应注意吊顶龙骨间距、室内净高要求、对视觉的影响、局部加固处理、与门窗、排气排烟口的关系以及吊顶钉头和板缝的处理等。

在施工安装上，在干式施工工艺的基础上，应注意装配式吊顶的施工流程、具体做法及要点等。

（1）吊顶龙骨间距。吊顶中主承载龙骨间距一般为900~1200mm，覆面龙骨的间距应与板材的模数对应，宜为300~600mm；

（2）满足室内净高的需求，不同功能的空间可以采取不同的高度。由于卫浴和厨房吊顶可能有通风、排烟或给水管道穿行，该区域可能与其他空间无法同高，可以采取不同高度的手法处理，但净高不得低于2200mm；

（3）尽可能将影响视觉的部分隐藏起来。当吊顶遇梁或无法掩盖管线等情况，设计上可采用局部出台、内藏灯的方式进行掩盖；

（4）吊顶局部需要加固处理。吊顶在遇到悬挂吊灯时应预先做木工板等进行板材加固，当吊顶内做窗帘盒或设计的窗帘轨与吊顶齐平时，安装窗帘轨道的部位需做木工板加固；

（5）注意与门窗、空调、通风和排烟口的关系。其高度不应低于门、窗上口，更不得影响门和窗的开启。同层排气、排烟的出口最低端要高于吊顶底不少于50mm，分体式空调外机出户管道洞口顶距吊顶底间距不应小于300mm；

（6）吊顶板缝和钉头的处理。当吊顶面层为涂料时，板材的拼缝和钉头处理极为重要。板材拼缝必须预留不少于5mm的缝隙，无缝隙必须镂“V”形槽，然后用填缝剂填平，再粘贴绷带或接缝纸。固定石膏板的钉头必须进行防腐处理。

3. 施工安装

吊杆、机电设备和管线等连接件、预埋件应在结构板预制时事先埋设，不宜在楼板上射钉、打眼、钻孔。吊顶架空层内主要设备和管线有风机、空调管道、消防管道、电缆桥架，给水管也可设置在吊顶内。电气管线敷设在吊顶空间时，应采用专用吊件固定在结构楼板上，并预先设置吊杆安装件（图4-4）。

施工做法上，吊顶框架由主龙骨、副龙骨、边龙骨、角龙骨，以及吊杆、吊件、各种连接件、安装夹组成。施工时需要先铺设管道和设备，继而安装吊杆、主龙骨、副龙骨等轻钢龙骨，其龙骨应与主体结构固定牢靠，最后安装石膏板覆面，张贴壁纸等。饰面板安装前应完成吊顶内管道、管线施工，并经隐蔽验收合格。

此外，超过3kg的灯具及电扇等有动荷载的物件，均应采用独立吊杆固定，严禁安装在吊顶龙骨上。在电器等关键位置设置检修口，便于日常维护和检修。

在设计选型上，应根据架空地板的特点性能、室内具体使用情况等进行设计和材料的选择。常用的有钢制螺栓架空地板和树脂螺栓架空地板。

4.2.2 架空地装

1. 设计选型

架空地装采用集成化部品、装配化施工，通过在地板面层与楼板结构之间保留一定的空气层（架空层）用于敷设管线，可以实现管线与结构主体分离。

其具有以下特点与性能：地板与地面之间有空气层，可以有效隔声、保温、防潮，提高居住环境舒适度，也可防止基板受潮变形，因此无需保养，且不会因变形而发出声响；架空地装有一定弹性，硬度较小，对容易跌倒的老人和孩子起到一定的保护作用；通过地面检修口的设置，可以方便管道检查和维修，实现维修与更换不破坏主体结构。

架空地装适宜在住宅室内整体采用，如层高及经济条件受限可只在卫生间降板处采用。

在工业化住宅体系中，架空地装的技术核心是螺栓支脚和承压板的组合体系。螺栓主要有钢制螺栓和树脂螺栓两种。相比较而言，树脂螺栓支脚弹性大，较之钢制螺栓支脚有缓冲性能好、脚感好、阻隔声桥性能好的优点。此外，树脂螺栓原料可采用再生塑料，低碳环保（图4-5）。

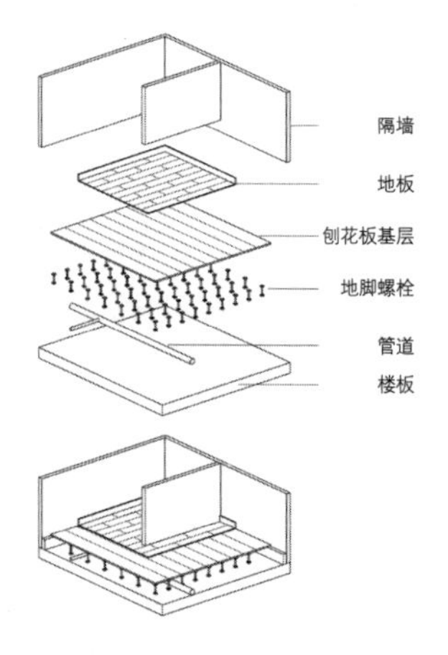

图 4-5 树脂螺栓架空地板构造拆解图

在技术要点上，应注意架空地板和支脚高度、荷载要求、承压板间缝隙及降板与非降板区的衔接等。

在施工安装上，架空地板宜在工厂进行初步加工后，现场采用拼装施工。应按其施工流程、具体做法及要点进行。

2. 技术要点

架空地装应注意以下技术要点:

（1）架空地板高度和支脚的高度需配套，且要考虑其下管线的高度。支脚需用专用胶固定于楼板上；

（2）承压板的厚度与强度要满足荷载的要求。应根据板材的具体数据进行计算，以确定承压板厚度与规格尺寸的关系，进行承载试验后，方可用于工程。出现较大的集中荷载之处，需做局部加密螺栓支脚的处理；

（3）承压板之间须留不小于5mm的缝隙，该缝隙可方便安装后板高的调节，也可防止出现起鼓现象，还可防止因热胀冷缩而引起的承压板变形；

（4）若采用局部降板的手法，要充分考虑降板区域与非降板区域架空地板的衔接，同时应注意降板处隔墙与顶棚和地面的处理。

3. 施工安装

架空地装采用拼装式施工，推荐在工厂进行初步加工，可缩短施工周期，同时降低劳动强度，施工快捷，省时省力。安装时采用先铺地板再立墙的方式，方便未来的改造更新（图4-6）。

架空地板下方需要用支脚支撑，每个支撑脚都独立可调整，且与地面的接触面积小，不受施工场所地面平整度的影响，可以有效缓解楼板不平所带来的施工问题，不破坏楼板面。此外，应根据需要调节的高度范围确定型号，并根据不同的产品规格，确定安放的间距。

在安装时，应先进行放线，后根据放线位置设置地脚螺栓并调整高度，在脚螺栓下面放置缓冲橡胶提升隔声性能，同时在地板和墙体的交界处留出一定的缝隙，解决架空地板对上下楼板隔声的负面影响，保证地板下的空气流动（图4-7）。

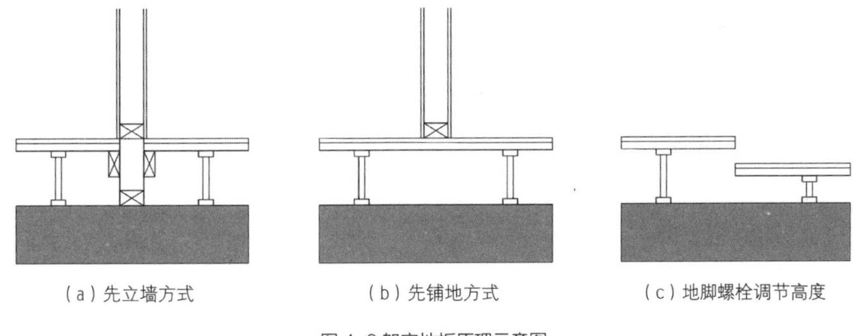

图 4-6 架空地板原理示意图

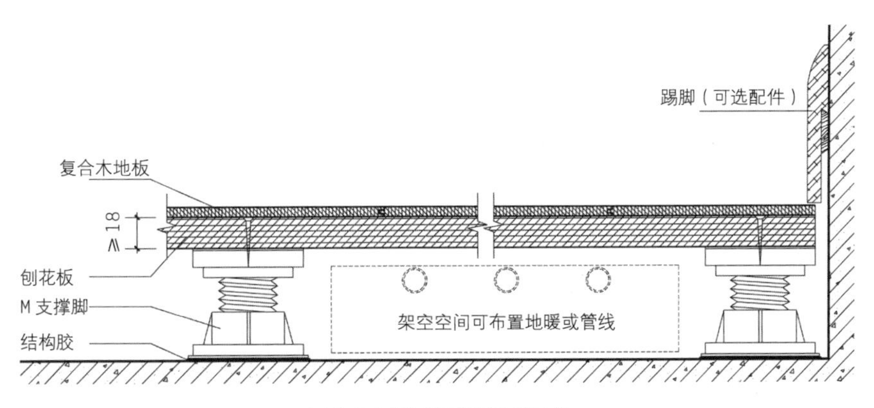

图 4-7 木地板地面架空系统构造

图 4-8 架空地板安装与施工测试过程

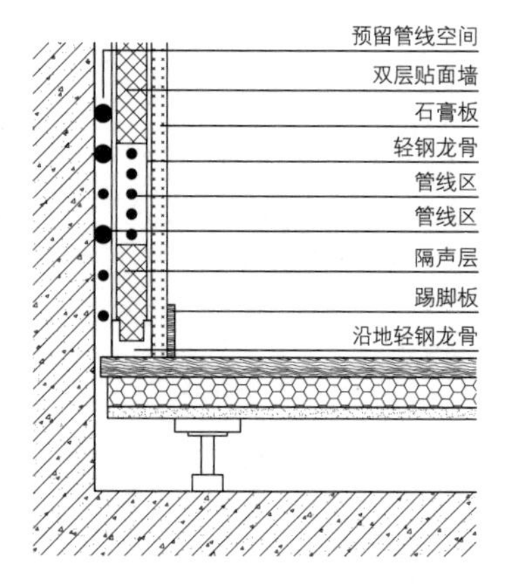

图 4-9 双层贴面墙原理示意图

双层贴面墙的墙体表层架空材料通常采用树脂螺栓或轻钢龙骨，应根据两者的不同特点、室内具体使用情况进行选择。

在施工安装上，应采用干式施工，并按双层贴面墙的施工流程、具体做法及要点进行。

接着铺设管线，架空层内的给水、中水、供暖管道及电路配管，应严格按照设计路径及放线位置敷设，以避免架空地板的支撑脚与已敷设完毕的管道打架，也便于后期检修及维护；最后，在地脚螺栓上安放密度承压板，需要注意架空后，架空承压密度板完成面高度要准确按照设计要求。另外，当架空层内敷设管线时，应设置必要的检修口，如在安装分水器的地板处设置地面检修口，以方便管道检查和修理使用（图4-8）。

4.2.3　双层贴面墙

1. 设计选型

为实现结构墙体与内装管线的完全分离，方便维修更新，外墙内表面及分户墙表面可以采用适宜干式工法要求的集成化部品——双层贴面墙。其通过架空材料形成架空空腔，可以在空腔内铺设管线，并防止因气温变化而产生的结露现象（图4-9）。

墙体表层架空材料通常采用树脂螺栓或轻钢龙骨，外贴石膏板以实现双层贴面，架空空间用来安装铺设电气管线、开关及插座使用。同时，树脂螺栓和轻钢龙骨可根据需要，在一定范围内调整空腔的大小（表4-4）。

2. 施工安装

施工安装过程应采用干式施工，提高效率，确保质量，便于翻

轻钢龙骨架空墙体与树脂螺栓架空墙体的比较　　表 4-4

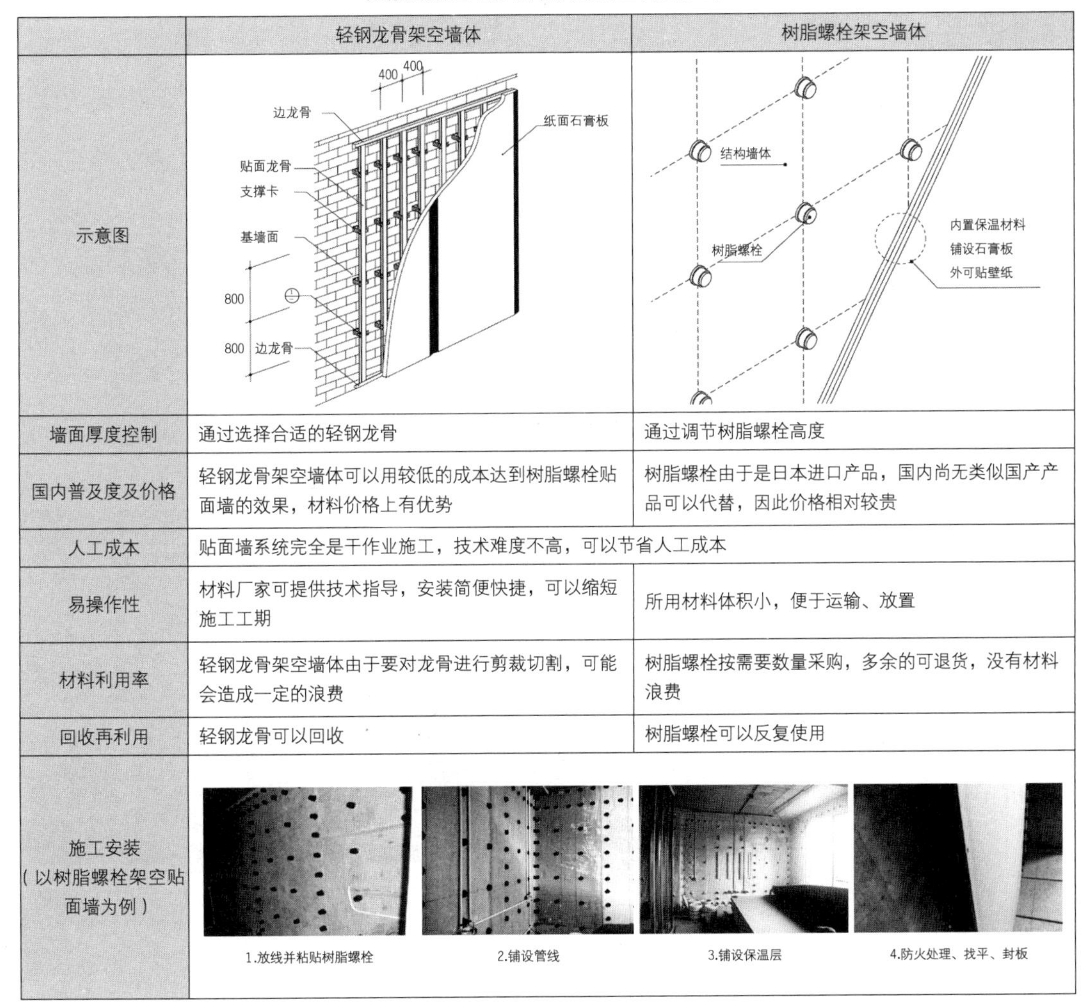

	轻钢龙骨架空墙体	树脂螺栓架空墙体
示意图	400 400 边龙骨 纸面石膏板 贴面龙骨 支撑卡 基墙面 800 800 边龙骨	结构墙体 树脂螺栓 内置保温材料 铺设石膏板 外可贴壁纸
墙面厚度控制	通过选择合适的轻钢龙骨	通过调节树脂螺栓高度
国内普及度及价格	轻钢龙骨架空墙体可以用较低的成本达到树脂螺栓贴面墙的效果，材料价格上有优势	树脂螺栓由于是日本进口产品，国内尚无类似国产产品可以代替，因此价格相对较贵
人工成本	贴面墙系统完全是干作业施工，技术难度不高，可以节省人工成本	
易操作性	材料厂家可提供技术指导，安装简便快捷，可以缩短施工工期	所用材料体积小，便于运输、放置
材料利用率	轻钢龙骨架空墙体由于要对龙骨进行剪裁切割，可能会造成一定的浪费	树脂螺栓按需要数量采购，多余的可退货，没有材料浪费
回收再利用	轻钢龙骨可以回收	树脂螺栓可以反复使用
施工安装（以树脂螺栓架空贴面墙为例）	1.放线并粘贴树脂螺栓　2.铺设管线　3.铺设保温层　4.防火处理、找平、封板	

修，施工现场清洁，墙体材料不易发霉。

具体包含以下技术要点：

首先，铺设双层贴面墙时应测量墙体尺寸，标出墙体中心线等基准线，算出墙壁底材面材所需要的树脂螺栓数量以及铺设位置，并用专用胶粘剂按压固定树脂螺栓；或根据设计，铺设轻钢龙骨骨架。

其次，应结合内保温工艺，充分利用贴面墙架空空间。此外，应先进行管线和保温层的安装铺设，再封板、铺壁纸，在此过程中应进行防火处理。

不同保温措施比较及喷涂隔热施工法图示　　表 4-5

项目	外保温	内保温	贴面墙内保温	喷涂隔热施工法图示
保温性能	高，适用于寒冷地区	中，适用于温带	中，适用于温带	调整范围 混凝土结构体 面板（石膏板） 树脂螺栓（地面架空及找平） 胶粘剂 喷涂保温隔热材料（聚氨酯）
热桥、结露	热桥少，不容易结露	热桥较多，容易局部结露	处于双层贴面空间，热桥少，不容易结露	
结构体的耐久性	结构也受保温，耐久性好	结构体不受保温，容易开裂	围护结构可以更换	
便利性	外墙的凹凸部、开口部难处理，需要用内保温补充	不受外墙形状影响	不受外墙形状影响	
维修、更换	难	容易	容易	
工艺	复杂	简单	简单	
成本、造价	高	低	低	

墙面内保温施工做法　　表 4-6

内保温铺设	墙面内保温

3. 外墙内保温工法

外墙有内保温和外保温两种模式，外保温可以保护主体结构，减少窗户与外墙交接处的结露现象。但是外保温更新需要拆卸外墙表层部分，施工时间长、规模大、造价高；需要不间断加热才能保证楼栋的温度、能耗较大；另外，外保温材料容易引发火灾等安全事故。内保温可以同内装一同更新，施工简单、周期短、造价低，不会出现外墙面砖脱落现象。内保温有助于采暖设备在短时间内迅速提高室内温度，有效节省能源。

工业化住宅在外墙内侧安装贴面墙，采用内保温措施在双层贴面墙架空空间内喷施、铺设内保温材料，曲面和窗户周围更易施工，可有效提高保温材料的使用寿命，达到良好的保温效果，解决冷桥、结露等问题（表4-5）。

在工艺上，在内衬墙的间隙填充现场整体发泡聚氨酯，是日本等发达国家常规的做法，这种做法节能效率高、更适合独立采暖；具备一定的防水性能，同时隔气性能好；耐久性好、防火性能好；方便围护体的更新改造，增加安全性。

考虑到楼板的冷桥作用，内保温需要在楼板上下两面翻卷一定的长度，对于非架空区域的楼板，翻卷的内保温及上部的封板完成后应与找平的地面平齐，因此，在外墙根处预留一定宽度的槽。

另外，墙面水电线管铺设完毕后，可以进行保温喷涂，施工过程中工人的防护措施应到位，同时注意对墙体线盒、加固部位的木工板及树脂螺栓进行保护，避免被保温覆盖（表4-6）。

工业化住宅在外墙保温上，可结合双层贴面墙进行内保温处理，在架空空间喷施、铺设内保温材料，在施工做法上，应符合流程、工艺等具体技术要求。

户内轻质隔墙根据材料和构造的不同均可划分为不同类型。应根据安装、隔声、防火、防水要求以及室内具体使用情况等进行设计和选择。

4.2.4　户内轻质隔墙

1. 设计选型

采用轻质隔墙是建筑内装工业化的基本措施之一，而隔墙集成程度（隔墙骨架与饰面层的集成）、施工是否便捷高效则是内装工业化水平的主要标志。工业化住宅在户内采用装配式轻质隔墙，在满足建筑荷载、不同功能房间的隔声要求等需求的基础上，合理利用其空腔敷设电气管线、开关、插座、面板等电气元件，有利于工业化建造施工、管理以及后期空间的灵活改造和使用维护。

轻质隔墙的集成指的是采用墙体、管线、装修一体化，即从设计阶段就需进行一体化集成设计，在管线综合设计的基础上，实现墙体与管线的集成以及土建与装修的一体化，从而形成“内隔墙系统”。在设计轻质隔墙系统时，要考虑其安装和改装不可对结构体系造成损坏。

根据使用材料的不同，轻质隔墙可划分为龙骨类、轻质水泥基板类、轻质复合板类。根据构造的不同可划分为轻质条板类、轻钢龙骨类、木骨架组合墙体类等。在材料选用上，应选用易于安装、拆卸且隔声性能良好的轻质材料，隔墙板的面层材料宜与隔墙板形成整体，材料的选用应符合防火要求。

此外，针对用于潮湿房间的内隔墙板的面层应采用防水、易清

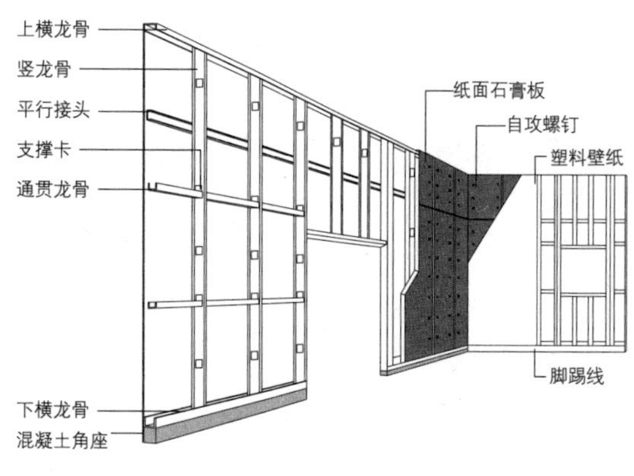

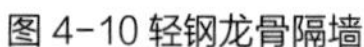
图 4-10 轻钢龙骨隔墙

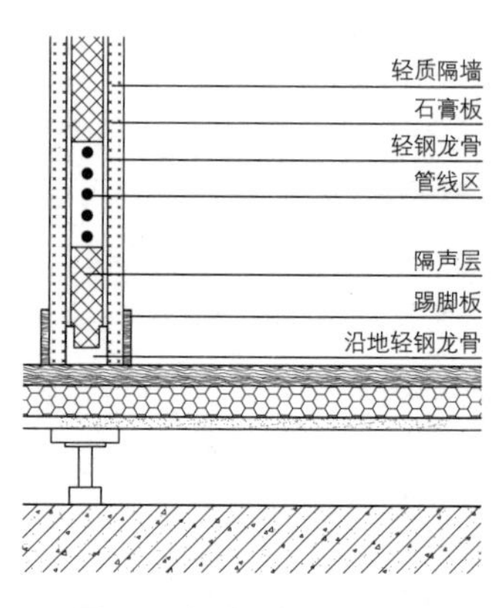

图 4-11 轻质隔墙原理示意图

在技术要点上，轻质隔墙应注意龙骨间距、电位的预留、家具规格尺寸、隔声、承重以及连接等方面的要求。

在施工安装上，隔墙施工应采用干式工法施工和装配化安装，并按施工流程、具体做法及要点进行。

洗的材料，厨房隔墙面层材料应为不燃材料。此外，结合需要可以在架空空间内填充保温及隔声材料，以提升轻质隔墙性能，改善室内环境质量。

目前国内应用较为成熟的隔墙方式为轻钢龙骨石膏板隔墙（图 4-10），其自重轻、抗震性能好、布置灵活，隔墙厚度可调，精准度高，可以尽量降低隔墙对室内面积的占有率；轻钢龙骨之间的空隙正好适合管线和配置开关、插座的放置；同时，拆卸时方便快捷，又可以分类回收，大大减少了废弃垃圾量。

2. 技术要点

轻质隔墙（图4-11）应注意以下技术要点：

（1）龙骨间距要符合板材模数，并兼顾洞口的留置。门洞口的留置要兼顾门套的安装，需要与门的生产和安装厂家充分沟通；

（2）室内电位的预留既要满足水电设计规范，又要兼顾家具的摆放，尤其是橱柜，其柜体电位的预留需与家具厂家提前沟通；

（3）墙体的设计还要兼顾一些家用电器、家具等日用品的规格尺寸，如冰箱、洗衣机、空调、整体卫浴等；

（4）满足隔声的要求，墙体应与顶棚、地面之间上下贯通，卧室与其他房间则通过填塞岩棉增强隔声效果；

（5）承重方面，隔墙上固定或吊挂物件的部位应满足结构承载力的要求，如壁挂设备、装饰物等的安装位置应采取加固措施，预先确定固定点的位置、形式和荷载，应通过调整龙骨间距、增设龙

图 4-12 轻质隔墙施工过程

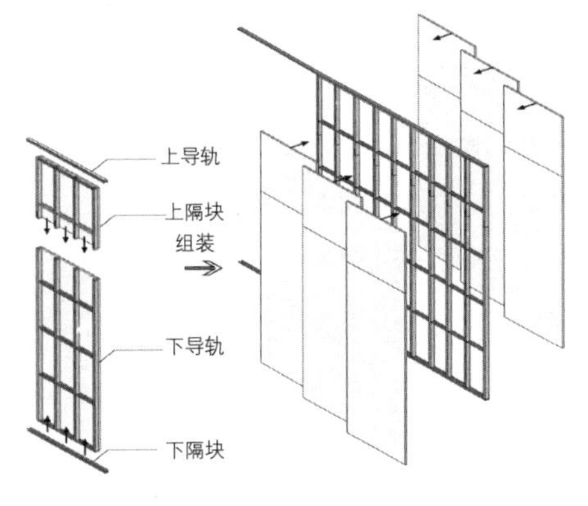

图 4-13 轻质隔墙安装图解

骨横撑和预埋木方等措施为外挂安装提供条件；

（6）连接方面，龙骨骨架与主体结构连接应采用柔性连接，并应竖直、平整、位置准确，龙骨的间距应符合设计要求。

3. 施工安装

施工安装方面，隔墙施工应符合干式工法施工和装配化安装的要求，龙骨板定制需要考虑减少现场裁剪，方便现场施工。安装时，面板拼缝应错缝设置，当采用双层面板安装时，上下层板的接缝应错开（图4-12、图4-13）。

水电的管线布置不得使竖向的主龙骨断开，墙体内穿行需作固定处理，燃气入户后需走明线，加固于墙体内，避免在安装和维修更换过程中对墙体造成破坏。在管线密集等部位应设置检修口，方便对敷设在空腔内的管线进行检修和维护。

工业化住宅中应采用管线与墙体分离技术。

在SI住宅理论中，管线分离是实现结构体和内装体分离的重要手段，可以避免传统住宅装修中对结构体进行破坏，便于二次装修。

4.3　设备与管线系统

设备与管线系统是指，由给水排水、供暖通风空调、电气和智能化、燃气等设备与管线组合而成，满足建筑使用功能的整体。

传统的住宅装修过程中，管线往往采取开槽的形式进行铺设，这个过程本身会对结构墙体和楼板造成一定破坏。当住宅面临二次装修时，则又需要再次破坏墙体进行管线的重新铺设，这对于住宅管线分离是将设备与管线设置在结构系统之外的方式。室内管线敷设宜设置在墙、地面架空层、吊顶或轻质隔墙空腔内，并应采取隔声减噪和防结露等措施，将内装部品与室内管线进行集成设计。

工业化住宅中的管线技术集成包括集中公共管井技术、架空层管线集成技术、分水器同层给水技术、同层排水技术。

结构体的安全性、稳定性十分不利。在SI住宅理论中，管线分离是实现结构体和内装体分离的重要手段，因此，工业化住宅中应采用管线与墙体分离技术。

4.3.1 总体技术要求

管线分离是将设备与管线设置在结构系统之外的方式。

工业化住宅通过采用工厂化生产的架空地板系统的集成化部品，实现管线与建筑结构体分离，保证管线维修与更换不破坏建筑结构体，方便维修更换，且不影响主体结构安全，满足装配式内装生产建造方式的施工及其管理要求，保证建筑耐久性和可维护性的要求。

采用管线分离时，室内管线（包括给水排水管道，供暖、通风和空调管道，电气管线，燃气管道等）的敷设通常是设置在墙、地面架空层、吊顶或轻质隔墙空腔内，并应采取隔声减噪和防结露等措施，将内装部品与室内管线进行集成设计，会提高部品集成度和安装效率，责任划分也更加明确。

管线分离的技术保证了主体结构的耐久性、大空间结构体系，使室内无承重墙体成为可能，二者共同为填充体的灵活可变创造了条件。它不仅能适应建筑全寿命期的要求，有效提高后期施工效率，合理控制建设成本，也便于设备管线的检查、更新和维护。

4.3.2 管线技术集成

1. 集中公共管井技术

管井集中技术是指将公共管道井设立在使用单元（此处指按照归属权分类，如住宅建筑中的一户）之外或者一侧，沿公共交通空间集中布置，提高单元内空间的利用率（图4-14）。

管井集中技术将每个用水器具的排水横向支管引至公共立管，省去了通气管系统，可根据使用需要灵活设计用水空间（浴室、厕所及厨房等）（图4-15）。

管道井应采用标准化管线和配件，住宅建筑套内管线不可垂直

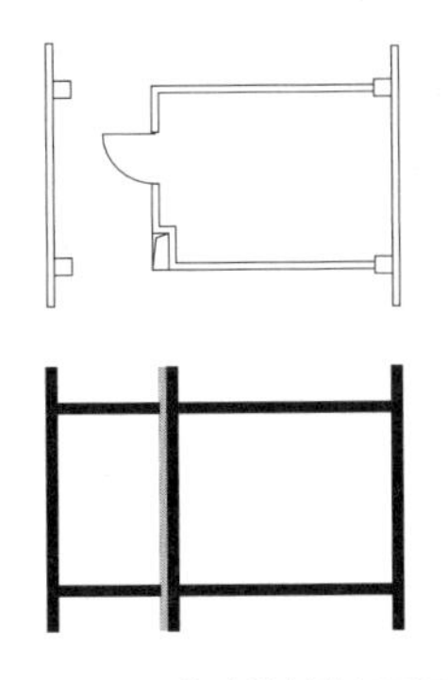

图 4-14 集中管井的平面示意

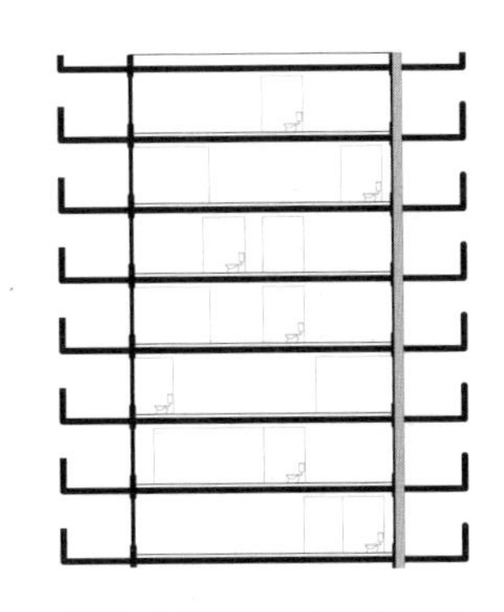

图 4-15 集中管井的剖面示意

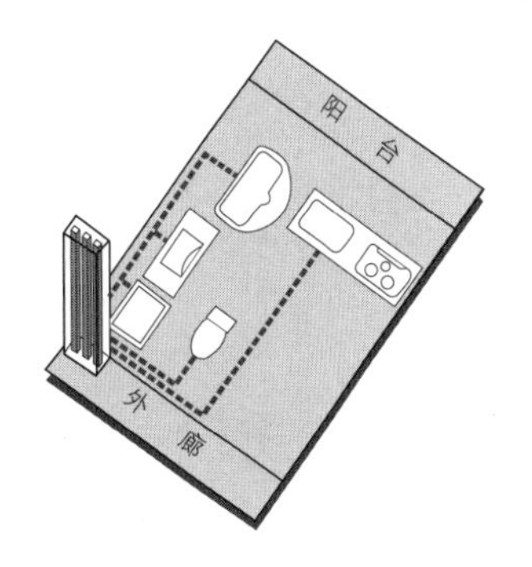

图 4-16 管井集中技术原理

穿过楼板，竖向公共管线（共用给水排水立管）、阀门、检修口、计量仪表、电表箱、配电箱智能化配线箱等，应统一集中设置在公共区域的共用空间管道井内，且布置在现浇楼板处。这种做法不仅便于施工安装和日常维护修理，而且也可避免管线纵向穿越楼板所带来的漏水和产权不清的麻烦（图4-16）。

在管线设计方面，给水排水、供暖、通风和空调及电气等应进行管线综合设计，竖向管线应相对集中布置，横向管线宜避免交叉（表4-7）。通过设计协同，使管线综合设计符合各专业之间、各种设备及管线间安装施工的精细化设计及系统性布线的要求。

在检修方面，集中管道井的设置及检修口尺寸应满足管道检修更换的空间要求，便于施工安装及日常维护修理。

集中公共管井技术是将公共管道井设立在使用单元之外或者一侧，沿公共交通空间集中布置。

架空层配线技术将套内电气管线宜敷设在楼板架空层或垫层内、吊顶内和隔墙空腔内等部位。

2. 架空层管线集成技术

架空层配线技术宜将套内电气管线敷设在楼板架空层或垫层内、吊顶内和隔墙空腔内等部位，从而实现电气线路与结构体分离，方便更换、检修，且不破坏主体结构。

当电气管线铺设在架空层时，应采取穿管或线槽保护等安全措施。在吊顶、隔墙、楼地面、保温层及装饰面板内不应采用直敷布线。电气管线的敷设方式应符合国家现行安全和防火相关标准的规定，与热水、燃气及其他管线的间距应符合安全防护的要求，套内线缆不宜与热水、可燃气体管道交叉（图4-17、图4-18）。

双层吊顶内敷设照明灯线路，竖向管线设置在双层贴面墙或内部轻质隔墙内，并穿电线管保护。

集中管道井技术构造与图示　　表 4-7

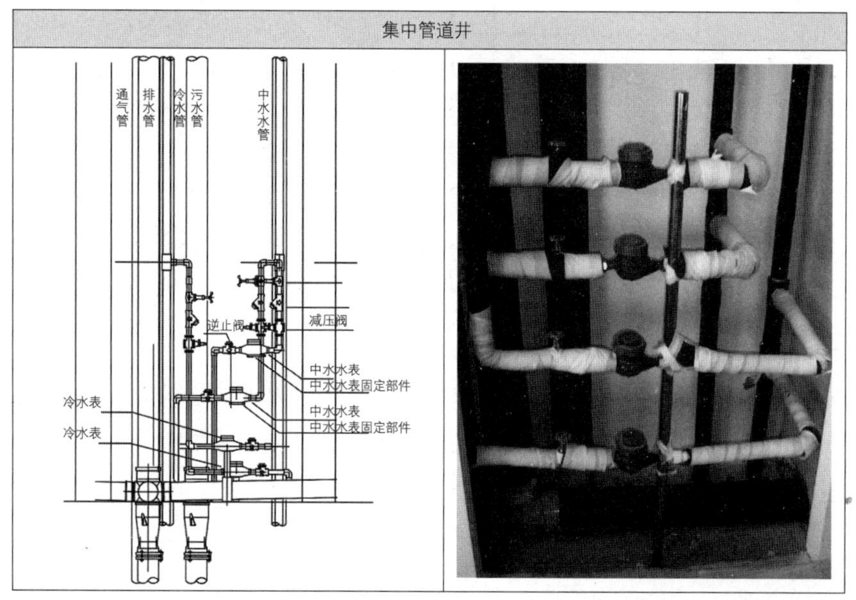

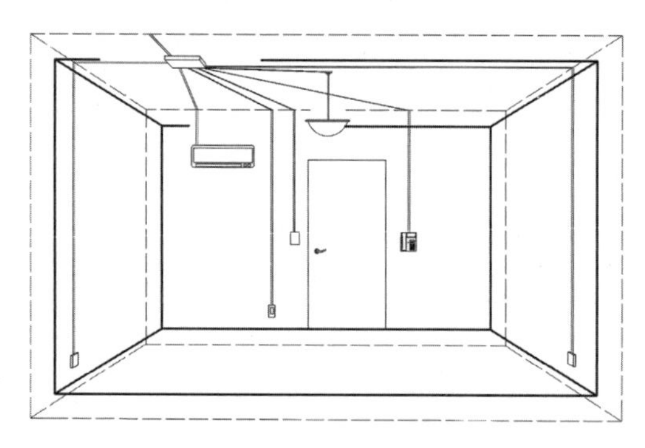

图 4-17 架空层配线

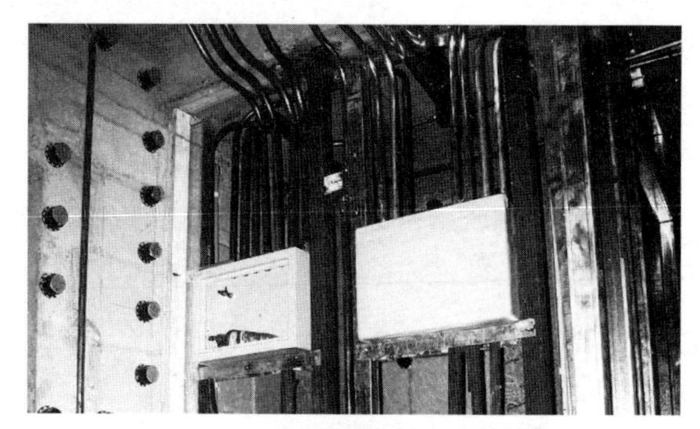

图 4-18 轻钢龙骨隔墙空腔内电气管线敷设

在结构墙面敷设安装，线盒应牢固固定，管线在墙面处应垂直布置。安装在建筑隔墙内的管线应注意与水平管线连接时的转角处理，其弯曲半径应该在规范允许的范围内；

在轻质隔墙内安装应注意管线与龙骨的关系，考虑墙面厚度是否可以隐藏管线和安装末端暗盒，宜优先采用带穿线管的工业化内隔墙板（表4-8）。

住宅套内供暖、通风和空调及新风等管道宜敷设在吊顶等架空层内，可设置水平换气的分户新风系统。通风、供暖和空调等设备均

管线敷设示意 表4-8

架空层配线敷设	架空空间内敷设	内隔墙的敷设

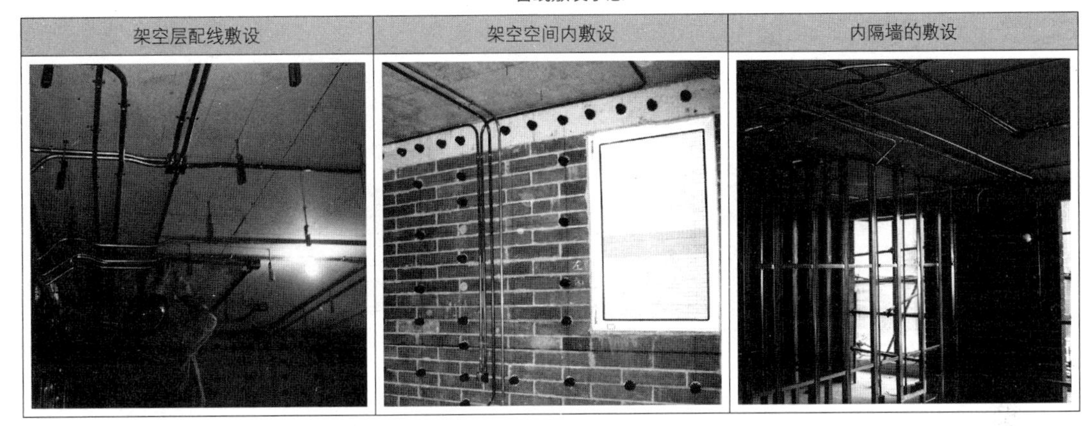

应选用能效比高的节能型产品，并采用适宜的节能技术，维持良好的热舒适性，降低建筑能耗，减少环境污染，同时充分利用自然通风。

3. 分水器同层给水技术

采用分水器给水的方式，将生活热水和冷水独立输送至各个用水器具，集中供冷热水，方便日常使用。给水系统由套外给水立管、套内分水器、套内管线和套内用水部品组成。给水管设置在架空地板或双层吊顶和结构体之间的空间内，目前多采用布置在架空地板内的方式，方便维修。

其性能优势在于，给水分水器给水采用高性能可弯曲管道，除两端外，隐蔽管道无连接点，漏水概率小，安全性高。区别于传统管道的分岔—分岔—再分岔的给水方式，从分水器至分水器具，均由单独一根管道独立铺设，流量均衡，水压力变化较小，出热水所需时间短（图4-19）。

给水系统采用装配式的管线及其配件连接，给水分水器与用水器具的管道接口应一对一连接，且接口形式及位置应便于检修更换，并应采取措施避免结构或温度变形对给水管道接口产生影响。在架空层或吊顶内敷设时，中间不得有连接配件。敷设在吊顶或楼地面架空层的给水管道应采取防腐蚀、隔声减噪和防结露等措施。

分水器宜布置在距离热源较近的位置，如住宅建筑中卫生间或者厨房，位置应便于检修，并宜有排水措施。套内水平给水、热

分水器同层排水技术将生活热水和冷水独立输送至各个用水器具，集中供冷热水。

同层排水技术是指在建筑排水系统中，器具排水管及排水支管不穿越本层结构楼板到下层空间、与卫生器具同层敷设并接入排水立管的排水方式。

给水分水器示意　　表 4-9

给水分水器	给水以及热水管道敷设在架空空间内，并以不同的套管颜色标记

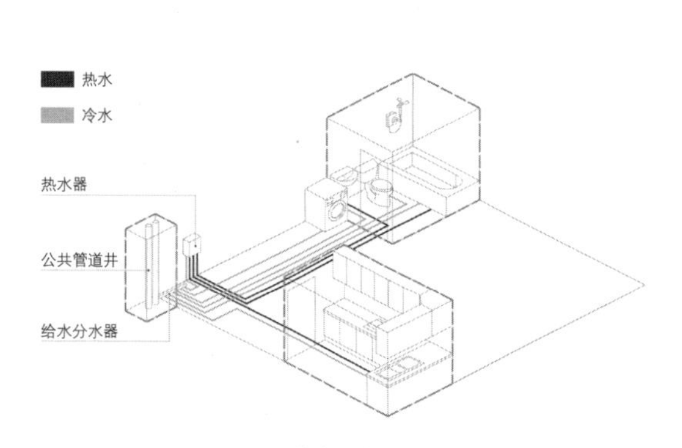

图 4-19 给水系统原理示意图

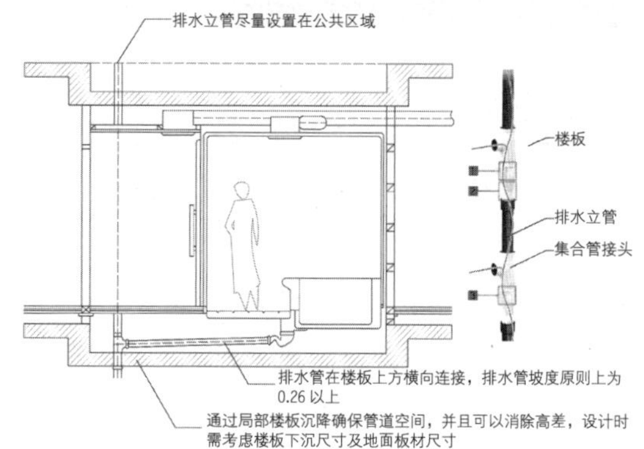

图 4-20 同层排水工艺

水、中水管道应严格区分外套管的颜色。同时，还应在分水器附近的地板上设置检修口，便于定期检查及维修（表4-9）。

4. 同层排水技术

工业化住宅的套内排水系统宜避免传统设计中排水立管竖向穿越楼板的布线方式，套内排水管宜优先采用同层排水方式，即将全部或部分楼板进行降板，实现板上排水。这是指在建筑排水系统中，器具排水管及排水支管不穿越本层结构楼板到下层空间、与卫生器具同层敷设并接入排水立管的排水方式。此种排水管设置方式可避免上层住户卫生间管道故障检修、卫生间地面渗漏及排水器具楼面排水接管处渗漏对下层住户的影响。同时，架空层无需回填，可以通过公共管道井排水，减少噪声、便于维修（图4-20）。

当采用同层排水设计时，应协调厨房和卫生间位置、给水排水

排水系统示意　　　　表 4-10

排水系统安装在架空地板内	排水集合管	排水集水器

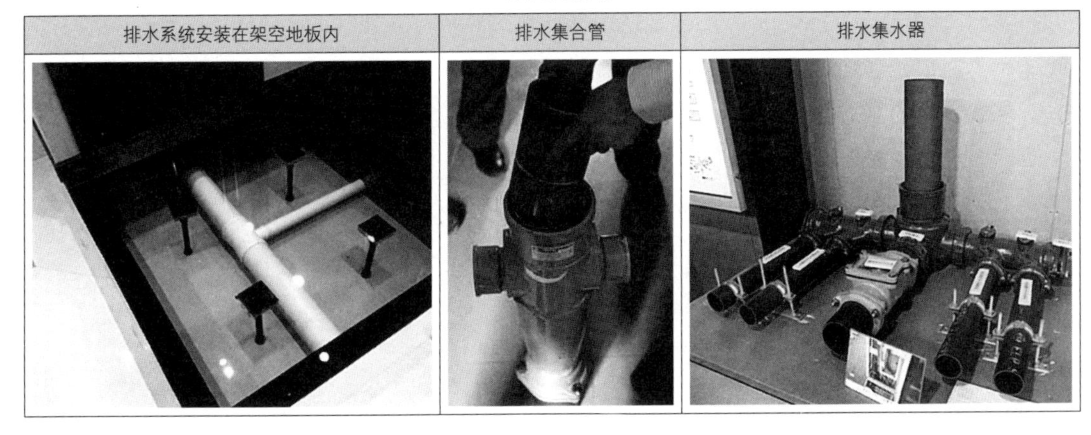

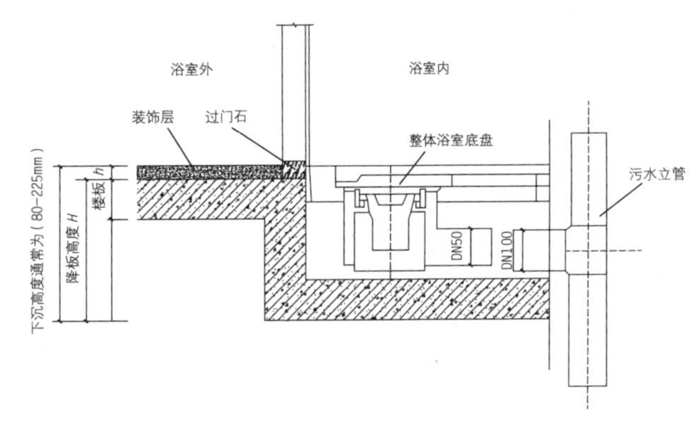

图 4-21 整体浴室部分的同层排水构造示意

管道位置和走向，使其距离公共管井较近，并合理确定降板高度，符合现行行业标准有关建筑同层排水工程技术规程的有关规定。

· 集成部品与接口

采用同层排水方式进行结构降板的区域应采用架空地板系统的集成化部品。排水系统由套外排水立管、套内集水器或旋流器、套内用水部品组成，排水横支管应选用标准化排水管道，长度不宜过长，中间不宜有接口，并应设置必要的清通附件。

排水集水器或旋流器宜设置在套内架空地板处，同时，应设置方便检查维修的装置。排水集水器管径规格由计算确定。积水的排出宜设置独立的排水系统或采用间接排水方式。

整体卫浴同层排水管道和给水管道应预留外部管道接口位置；整体卫浴、整体厨房的排水管宜与排水集水器或旋流器连接后，再排入排水立管（表4-10）。

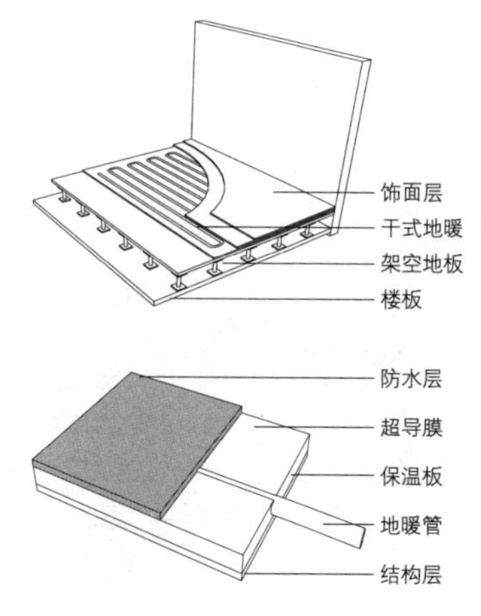

图 4-22 干式地暖构造示意图

工业化住宅中的设备部品技术集成包括干式地暖、新风系统、直排烟系统、维护与检修集成技术。

干式地暖是采用干法施工、低温热水地面辐射供暖系统；新风系统是新风负压式换气系统，可对室内进行全天24小时的通风换气。

· 防渗漏水措施

同层排水部位的地面和墙面应有防水构造。同层排水管道敷设在架空层时，宜设积水排出措施。墙体和楼板支架、设施安装及管线敷设等不应破坏防水层（图4-21）。

4.3.3 设备部品技术集成

1. 干式地暖

工业化住宅室内供暖系统优先采用干式工法施工的、低温热水地面辐射供暖系统（图4-22）。

由于工业化住宅外墙一般采用预制外墙板，采用散热器供暖时，需要在实体墙上准确预埋为安装散热器使用的支架或挂件，并且散热器的安装应在外墙的内表面装饰完毕后才能进行，施工难度大、周期长。

而采用干式地暖供暖，其在土建施工完毕后即可安装施工，减少了预埋工作量，舒适度也优于散热器供暖。

相比较而言，传统的湿式地暖系统产品及施工技术存在着许多问题，其楼板荷载较大，施工工艺复杂，管道损坏后无法更换；而工厂化生产的装配式干式地暖系统的集成化部品具有施工工期短、楼板负载小、易于维修改造等优点。其可以根据气温的变化，精确控制室内温度，不受采暖期的限制，有效避免室内过热或过冷，可实现迅速升温，大大节省能源。

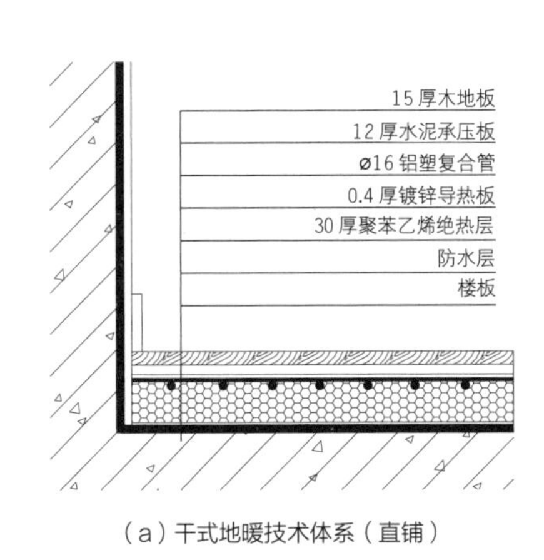

（a）干式地暖技术体系（直铺）

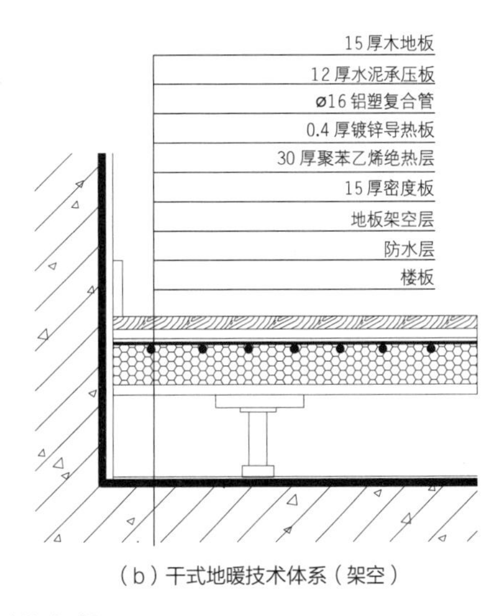

（b）干式地暖技术体系（架空）

图 4-23 干式地暖直铺与架空构造对比

图 4-24 干式地暖的铺装

采用地面供暖辐射供暖系统时，应考虑采用干式地暖集成部品及干式工法施工工艺。

干式地暖集成部品常见的有两种模式，一种是装配式地板供暖的集成化部品，是由保温基板、塑料加热管、铝箔、龙骨和管线接口等组成的一体化薄板地暖系统，板面厚度约为12mm，加热管外径为7mm；另一种是现场铺装模式，是在传统湿式地暖做法的基础上进行改良，无混凝土垫层施工工序。这两种模式全程均为干式作业，无需地暖回填，节约空间（图4-23）。

在施工与安装上，干式地暖采用工厂预制、现场拼装的方式，实现了全干式内装。供暖管路系统应与结构体分离，供暖主管道应集中设置在公共区域，可以与架空地板结合设置。住宅户内需安装燃气壁炉进行供暖，实现独户采暖（图4-24）。

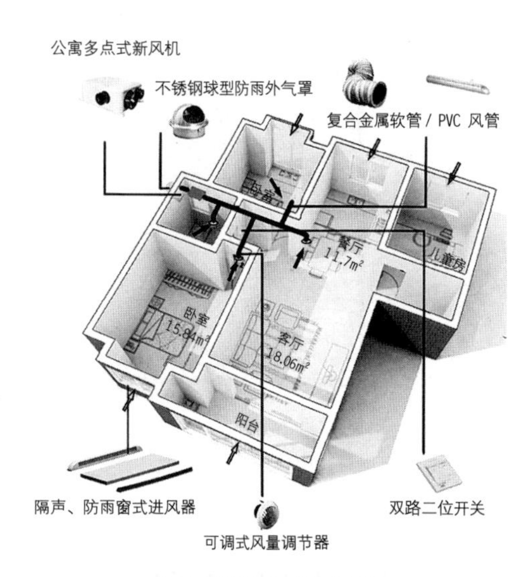

图 4-25 新风系统技术示意

直排烟系统通过安装在吸油烟机上的排烟管穿过墙洞或窗洞将厨房油烟直接排到室外；维护检修集成技术是建立完善定期的检查维修和售后服务系统，为用户和维修人员分别撰写维修说明。

2. 新风系统

工业化住宅中，应采用合适的通风设备，以达到室内通风要求。推荐采用新风负压式换气系统进行换气，新风系统可全天24小时持续不断地将室内污浊空气及时排出，同时引入室外新鲜空气，并能有效控制风量大小。负压新风系统不需要长长的管道输送新风，进风器的长度与墙体的厚度相当，所以擦洗管壁、更换滤垫更加方便，新风的品质优于通过狭长管道送风的热回收新风系统。

新风系统由通风管道、套内防倒流标准接口、整体厨房、整体卫浴内通风设施及其他通风设备组成。通风系统应与结构体分离。在设计使用公共通风系统时，纵向主通风管道应设在套外公共区域（图4-25）。

需要在新风机组附近合适位置留出检修口，方便日常维护检修，维修口的位置和大小需要根据设备确定。

3. 直排烟系统

当前，传统住宅建筑中的厨卫排气系统及设计大多采用共用竖向管道井的方式，存在各楼层厨房或卫生间使用串味、物权不清和不利于标准化模块化设计建造的许多问题。

根据国内外装配式住宅的建造和使用经验，户内宜采用直排烟

排风系统技术示意　　表4-11

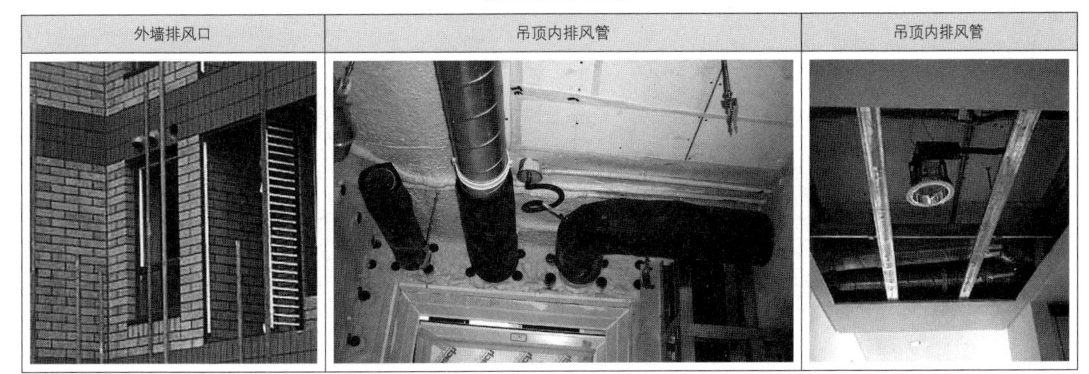

系统，即卫生间废气、厨房油烟直排系统。这样处理也有利于户间防火和后期维护。

厨房直排烟系统通过安装在吸油烟机上的排烟管穿过墙洞或窗洞，将厨房油烟直接排至室外（表4-11）。相比传统方式而言，直排烟系统的管道相对较短，通风效果好，管道沿程阻力小，排风机功率要求低，有利于节省运行能耗。

吊顶内通的风管道通过集成化设计和施工，可以很好地排布和隐藏起来。同时，省去了排风竖井的占用面积，户内空间格局的布置可以不受烟道位置的制约，房间利用也更为高效。

进行改建和维修时，不需要破坏建筑的主体结构，拆卸、维修、更换也更加便捷。

室内装修时，排烟管道直接从外墙预留，并与建筑设计结合（洞口预留、风帽立面效果、风道走向与吊顶区域）。其室外排气口应采取避风、防雨、防止污染墙面和对周围空气产生污染等措施。

4. 维护与检修集成技术

维护和管理必须符合国家相关的物权、物业管理等法律法规。需要整理归纳零部件群的检查、维修、更换的时间周期和方法，并纳入建筑说明书中。应该建立完善的定期检查维修和售后服务的系统，为用户和维修人员分别撰写维修说明。维修和检查的项目中包含易损耗的部品的维修与更换。

在架空地板、双层贴面墙、双层吊顶关键部位，如给水分水

检修口设置技术示意　　表 4-12

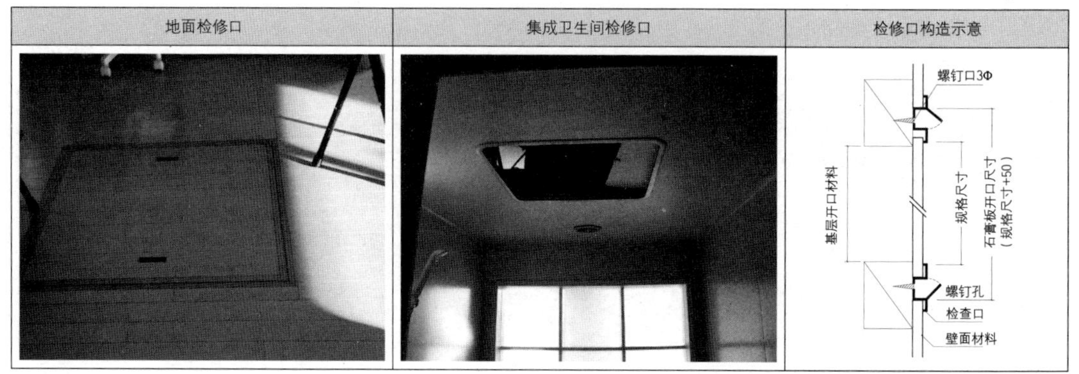

地面检修口	集成卫生间检修口	检修口构造示意

整体厨房是由结构、厨房家具、厨房设备、厨房设施进行系统集成的新型厨房。在设计与施工过程中，应满足部品选型、管线设置（同层排烟、给水排水）、施工安装及检修维护方面的技术要点。

器、排水分水器或旋流器、新风机组附近合适位置留出检修口，方便日常维护检修，维修口的位置和大小需要根据设备确定（表4-12）。在整体厨房、整体卫浴管线集中部位的合适位置留出检修口，方便日常维护检修，维修口的位置和大小需要根据设备确定。

4.4　整体厨卫与收纳系统

4.4.1　整体厨房

整体厨房是由结构（底板、顶板、壁板、门）、厨房家具（橱柜及填充件、各式挂件）、厨房设备（冰箱、微波炉、电烤箱、抽油烟机、燃气灶具、消毒柜、洗碗机、水盆、垃圾粉碎机等）、厨房设施（给排水、电气、通风设备与管线）进行系统集成的新型厨房，其部品部件在工厂生产，现场进行拼装（图4-26）。

在整体厨房的设计与施工安装过程中，应满足以下技术要点：

1. 部品选型

整体厨房采用标准化内装部品，选型和安装应与建筑结构体一体化设计施工。部品与橱柜设计协调统一，采用预留主要厨电位置，避免嵌入式家电灵活性不足的问题，相对于传统住宅大大减小了管线设施所占空间和对主体结构的破坏。操作台柜设计应采用标准化设计，但要考虑实行一定的柔性尺寸，采用封板调节、地脚调

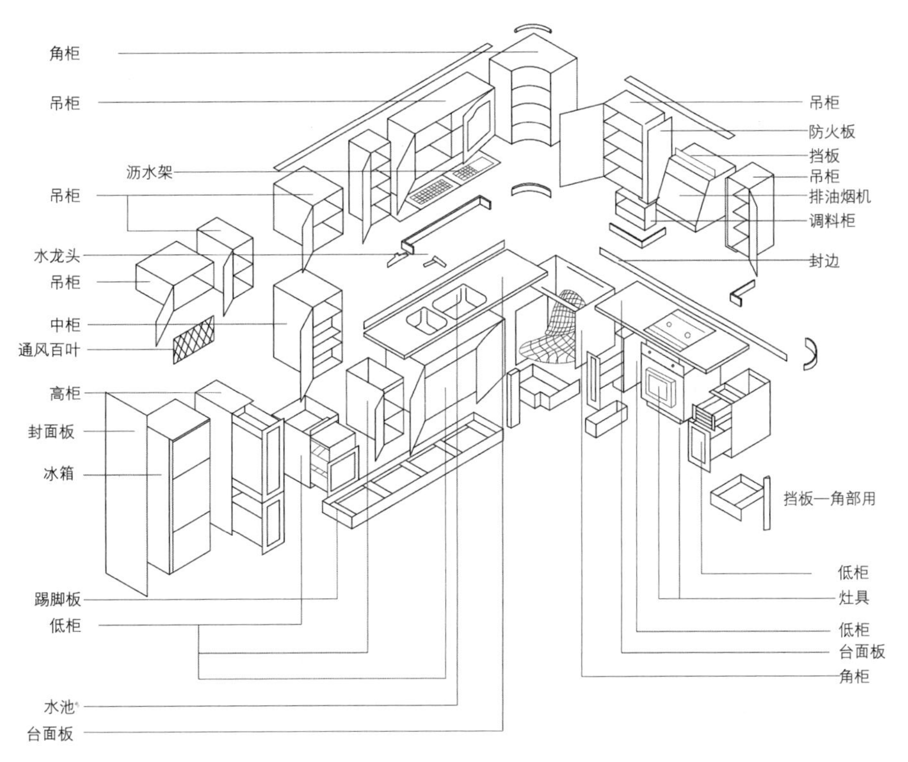

图 4-26 整体厨房拆解图

节、吊码调节进行水平调节、高度扩展和空间位置调节。

2. 管线设置

· 同层排烟

整体厨房宜采用排油烟管道同层直排的方式，即采用烟气直排系统，将安装在吸油烟机上的排烟管穿过墙洞或窗洞，将厨房油烟直接排至室外。采用油烟同层直排设备时，风帽应安装牢固，与外墙之间的缝隙应密封。

· 给水排水

冷、热水口水平位置的确定，应考虑冷、热水口连接和维修的操作空间，可设定在洗物柜中，分列在排水口中心线左右100mm处，距地面高度为500mm。

排水口或下水口位置的确定应考虑排水的通畅、维修方便和地柜之间的影响。可设定在洗菜盆的下方，根据部品选择确定与墙的

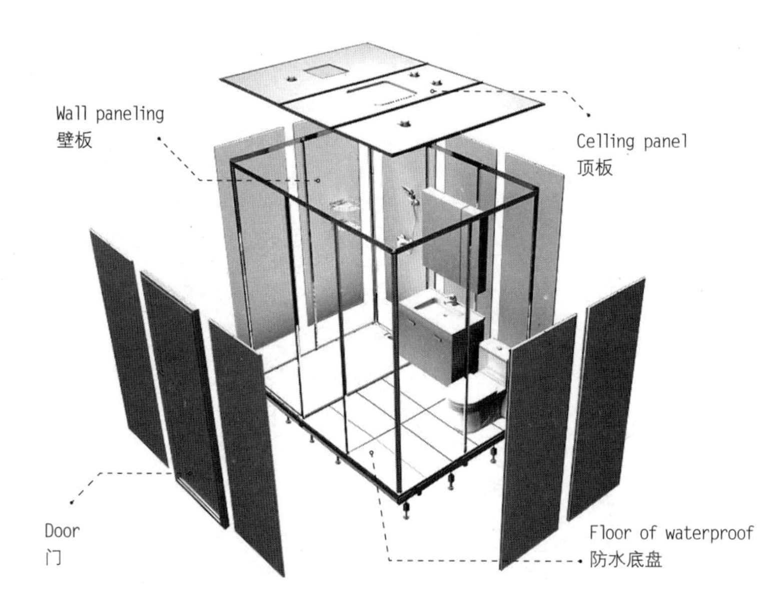

图 4-27 整体卫浴拆解图

整体卫浴是由工厂生产的楼地面、吊顶、墙面、橱柜、设备管线集成；由防水盘、顶板、壁板及支撑龙骨构成主体框架，并与各种洁具及功能配件组合而成，通过现场装配或整体吊装进行装配安装形成独立卫浴模块。

距离。排水管设置在板上，隐藏在地柜下方，通过踢脚板遮挡，但排水路径与主立管距离不超过2000mm。

3. 施工安装

整体厨房应合理设置洗涤池、灶具、操作台、排油烟机等设施，并预留厨房电气设施的位置和接口；应满足厨房设备设施点位预留的要求；应预留燃气热水器及排烟管道的安装及留孔条件；橱柜安装应牢固，地脚调整应从地面水平最高点向最低点，或从转角向两侧调整。

整体厨房模块固定安装应根据不同墙体给出安装节点、固定方式和构造设计。

厨房模块与墙面、地面、吊顶的交接口应风格协调色彩统一，衔接过渡平顺，收口美观。安装墙板前，应对与墙体结构连接的吊柜、电器、燃气表等部品前置安装加固板或预埋件。

4. 检修维护

整体厨房给水排水、燃气管线等应集中设置、合理定位，并在连接处设置检修口。

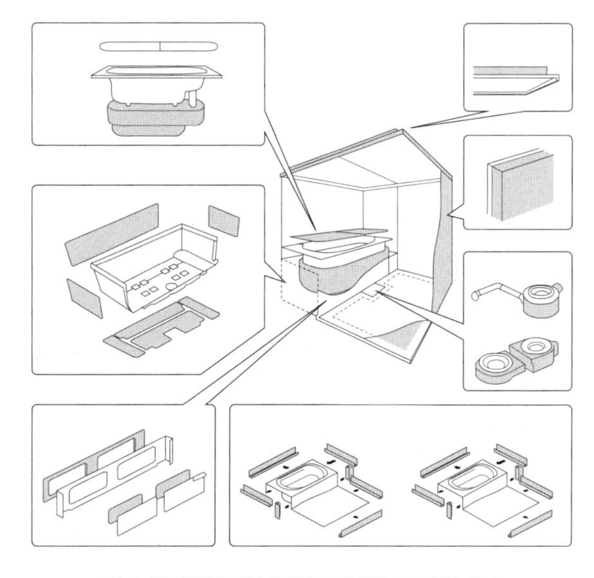

图 4-28 整体卫浴中各洁具及功能配件的组合方式

4.4.2 整体卫浴

在整体卫浴的设计与施工过程中，应满足部品选型、管线设置（管线排布要求、管井设置防水要求）、施工安装及检修维护方面的技术要点。

采用标准化整体卫浴是住宅全装修的发展趋势，它由工厂生产的楼地面、吊顶、墙面、橱柜、设备管线集成（图4-27）；由防水盘、顶板、壁板及支撑龙骨构成主体框架，并与各种洁具及功能配件组合而成，通过现场装配或整体吊装进行装配安装形成独立卫浴模块（图4-28）。整体卫浴采用工业化生产，底盘一次成型，解决传统浴室容易漏水的问题；集成各项部品，并运用密封、隔热等技术，保证大批量施工的品质如一；工厂机械化生产，能保证短时间、大批量产品供应。

在整体卫浴的设计与施工安装过程中，应满足以下技术要点：

1. 部品选型

整体卫浴部品的选择与室内的建筑要素有很大的关系，如果卫生间位置设有侧窗，应预先与部品厂家沟通，看是否能实现开窗功能，如不能实现，则该位置不应设有窗口。

在门窗洞口的尺寸上，整体卫浴开窗要求窗的宽度不能大于整体卫浴开窗面壁板的宽度，窗的高度不能大于整体卫浴开窗面壁板的高度；如窗的高度高出整体卫浴壁板时，建议窗的上端为固定扇，下端为活动扇。固定扇玻璃可采用磨砂处理等方法，其目的是遮蔽内部空间。

采用整体卫浴时，由整体卫浴平面方案中门的位置决定土建门洞平面位置。预留门洞高度主要分直排和降板横排两种情况，重点考虑地面内装完成面高度与降板底部的高度差，作为预留门洞高度控制尺寸。若地面完成面尺寸有变动，门洞尺寸也应做相应调整。

2. 管线设置

·管线排布要求

整体卫浴应考虑结构预留洞口位置和数量与管线排布的关系，洞口底部高度决定了管线的标高，这也是限制空间标高的固定因素，如果采用降板的手法，降低的高度必须满足整体卫浴的安装要求。

整体卫浴的水平下水管与竖直排水管的距离应尽量缩短，路径必须满足给水排水的规范要求，如下水不允许180° 回头设计等。同时，管线一定要计算整体尺寸，不能以中线计算，必须含有直径宽度、纵向交叉后的厚度（U弯的厚度不等于两个管线直径之和，中间需要大概10~15mm的空间）、横向间隔的距离及管件固定占用的空间等。

管道材质的选用和连接方式应与建筑预留管道匹配，当采用不同材质的管道连接时，应有可靠连接措施。另外，整体卫浴的排风机及其他电源插座宜安装在干区。除安装在整体卫浴内的电气设备自带控制器外，其他控制器、开关宜设置在门外。

·管井设置防水要求

整体卫浴空间内，可在一定程度上进行管井设计，将风道、排污立管、通气管、给水管等设置在管井内，管井尺寸一般为300mm×80mm，不同型号的产品管井大小存在一定差异。

应满足同层排水的要求，给水排水、通风和电气等管线的连接均应在设计预留的空间内安装完成，并应设置检修口。整体卫浴部品安装前应先进行地面基层和墙面防水处理，并做闭水试验。

同层排水架空层地面完成面高度不应高于套内地面完成面

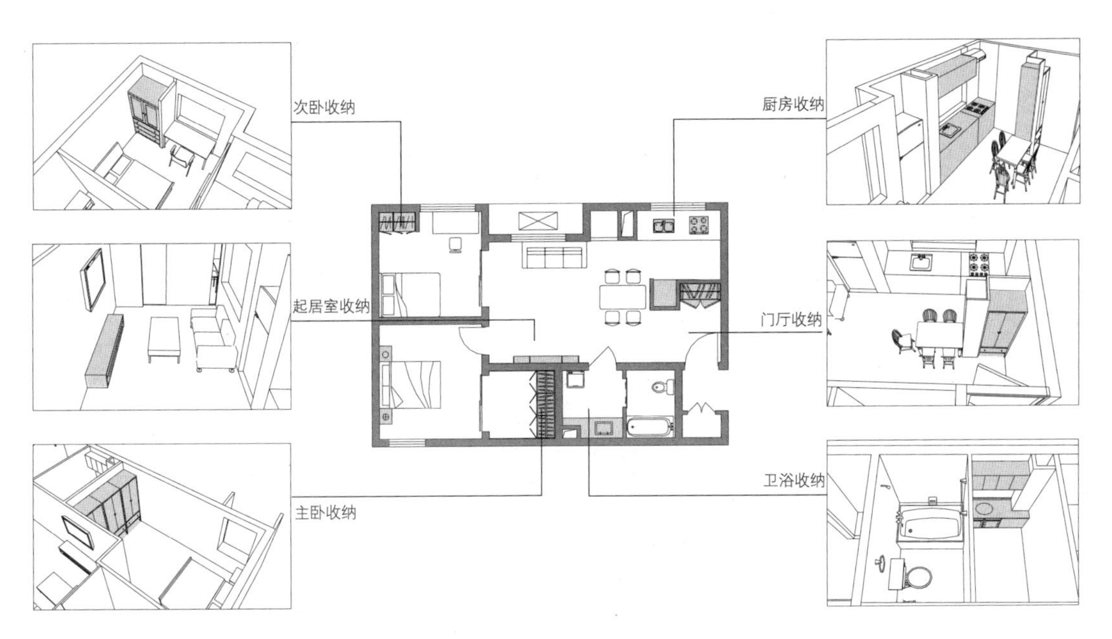

图 4-29 整体收纳系统在空间中的分布

高度。

整体一次模压成型的高密度、高强度SMC底盘能杜绝渗水漏水，土建卫生间楼面可以达到要求，无需再单独做防水工程，只对安装整体卫浴区域的楼面做找平处理，误差要求为±5mm。

3. 施工安装

在安装空间要求上，卫生间主体结构净尺寸需满足整体卫浴各型号相对应的最小平面及安装尺寸和最小高度及安装高度，安装空间还需考虑建筑主体结构误差。

当住宅设计采用直排(异层排水)时，一般壁板高度为2.2~2.4m，最小安装高度为2.6~2.8m；当采用横排(同层排水)时，分别为2.2~2.4m、2.7~2.9m。

整体卫浴的平面外形尺寸为产品型号所代表的净尺寸的宽度和长度各加上100mm，并与建筑基本模数一致。由于受模具限制，以优先考虑厂家模具为原则，根据套型要求进行设计协调。安装时应优先采用内拼式部品安装。当采用防水底盘时，防水底盘与墙板之间应有可靠连接设计。

工业化住宅采用标准化系列化的整体收纳。在设计与施工过程中，应满足部品选型（如门厅柜、卧室柜、储物间）、管线设置、施工安装及检修维护方面的技术要点。

4. 检修维护

整体卫浴应在与给水排水、电气等系统预留的接口连接处设置检修口或检修门，检修口外应有便于安装和检修的操作空间。

4.4.3 整体收纳系统

工业化住宅采用标准化系列化的整体收纳，收纳系统对不同物品的归类收放既要合理存放，又不应浪费空间。在设计中，应充分考虑人体工学尺寸、收取物品的习惯、视线、人群特征等各方面的因素，使收纳具有更好的舒适性、便捷性和高效性（图4-29）。

在整体收纳的设计与施工安装过程中，应满足以下技术要点：

1. 部品选型

整体收纳系统应在装饰设计时确定柜体厂家，以便柜体厂家与装饰设计单位可就柜体的规格尺寸和水电预留达成统一。对于不同柜体还应注意：

・门厅柜

建筑设计中就应该考虑它的位置，要与门的开启方向相适应，门侧墙垛柜子净进深不应少于300mm，特别是门内开时，门厅柜不得影响门的正常开启。门厅柜设计应考虑进门时灯的开关位置，开关位置距墙角不少于150mm。

・卧室柜

柜门为平开门时，开启后不应与床以及壁挂式空调打架。若卧室空间较小，柜门尽量做成推拉形式，以尽量减少对生活空间的影响。

・储物间

因为很难确定其储藏对象，设计者若将其设计成固定的分格形式，将不能满足所有住房的储物要求；因此，储物间最好不要设计成固定分格，只做好壳体即可，内部预留活动式的分格条件，由住户根据自己的需要自行分格。

2. 管线设置

电气开关箱、接线箱不宜设置于收纳部品内，当与收纳部品设计结合时，收纳部品深度不应大于300mm，不应放置易燃或可燃物品。电气开关箱、接线箱常设于收纳柜中，容易给其操作带来不便，设计时应对检修和日常操作的便捷性给予考虑。

收纳深度大于300mm时，置于其中的电气开关箱、接线箱的检修难以操作，且容易被日常摆放物品遮挡。电气开关箱、接线箱有产生漏电或火花的可能，如收纳处存放易燃或可燃物，易发生火灾，因此应对此处的部品存放提出要求，并做明显提示标识。

3. 施工安装

收纳系统宜与建筑隔墙、固定家具、吊顶等结合设置，也可利用家具单独设置。

收纳系统应能适应使用功能和空间变化的需要。收纳空间应符合相关设计规范对建筑空间尺寸的要求，非独立的收纳空间面积可含在所在房间的使用面积中，住宅收纳空间的总容积不宜少于室内净空间的1/20。

4. 检修维护

管道接头部位或检修阀门被收纳部品遮挡或安装于收纳空间内时，应有方便管道检修的措施。方便管道检修是收纳部品设计必须遵循的原则，设计时可考虑能将收纳部品整体移开或在不损坏部品的前提下，采取打开、拆开部分部件的方法为检修创造便利条件。

有水房间经常接触水或渗漏后容易被水浸湿的部位，当部品采用未经处理的木材等材料时，容易产生腐烂、虫蛀现象，水渗漏到收纳空间内时会损坏其中的物品，在此对有水房间收纳部品的防水或防潮、防腐、防蛀措施作出提醒。

第 5 章　实践与评价

本章在对前面章节中设计原理归纳总结的基础上，通过建成的项目案例——北京雅世合金公寓项目、浙江宝业新桥风情百年住宅示范项目，分析其建设背景、设计理念、技术详情与特点等，展现在设计方案与实践层面上对于设计原理的融合与运用。

雅世合金公寓项目是我国“百年住居”的技术集成住宅示范工程建设实践项目，实现了内装的装配式施工和部品集成。

5.1　设计实践——北京雅世合金公寓项目

5.1.1　项目概述

2010年我国“百年住居”的技术集成住宅示范工程建设实践项目雅世合金公寓建成。雅世合金公寓是根据中国建筑设计研究院（中方负责单位）和日本财团法人Better Living（日方负责单位）签署的“中国技术集成型住宅——中日技术集成住宅示范工程合作协议”，由国家住宅工程中心牵头实施建设的国际合作示范项目。

项目由中国建筑设计研究院担当项目的整体设计，由日本株式会社市浦住宅城市规划设计事务所进行项目所有户型内装修与技术优化，由福美、积水、海尔等多家国内外技术部品研发生产机构为集成技术顾问，对技术集成和部品应用等提供技术咨询服务。

在该项目中，实现了内装的装配式施工和部品的集成。

1. 规划布局

项目位于北京市海淀区西四环外永定路北端，西侧为城西商业氛围成熟的永定路，北侧是连接城市环线四环与五环的城市干道田村路（图5-1）。项目周边多为城市居住区，用地西侧有成排行道

图 5-1 雅世合金项目效果图

雅世合金公寓项目通过公共开放空间和居住院落的布局形成内外有别、围合的街区生活空间。该项目是我国最早完整实现住宅支撑体和填充体分离的开放建筑实践，通过设计标准化、部品工厂化、建造装配化实现了通用的新型工业化住宅体系。

树。项目总用地面积为2.2万m^2，总建筑面积为7.78万m^2，容积率为2.20，由2栋公建设施和8栋6～9层住宅构成，共486户。

项目总体空间的规划布局上，采用一横（中部开放空间）、一纵（南北沿街空间）、一环（社区内部环形步道）、两片（南部和北部居住组团）和三院（三个居住院落）的空间构架，形成相对内外有别的、围合的街区生活空间（图5-2）。

社区中央是结合主入口的东西向贯通的公共开放空间，通过一条社区内部环形步道将人流引导至五排南北向板楼及东西向楼栋围合而成的三个居住院落。社区沿街外部形象使其以整体的面貌面向城市。

2. 项目概念特点

雅世合金公寓项目是我国长寿化住宅体系的建设实践，其中应用了具有我国自主研发和集成创新的住宅体系与建造体系，这对于今后我国住宅建设而言，将有利于在保证居住品质且提高住宅建筑全寿命期内的综合价值的前提下，对实现节省资源消耗和可持续居住起到良好的促进作用。

在实施过程中，该项目将住宅研发设计、部品生产、施工建造和组织管理等环节联结为一个完整的产业链，实现了住宅产业化。通过设计标准化、部品工厂化、建造装配化实现了通用的新型工业化住宅体系，构建并实施了工业化内装部品体系和综合性集成技术。同时，项目以绿色建筑全寿命期的理念为基础，对保证住宅性能和品质的规划设计、施工建造、维护使用、再生改建等技术进行集成创新与应用。

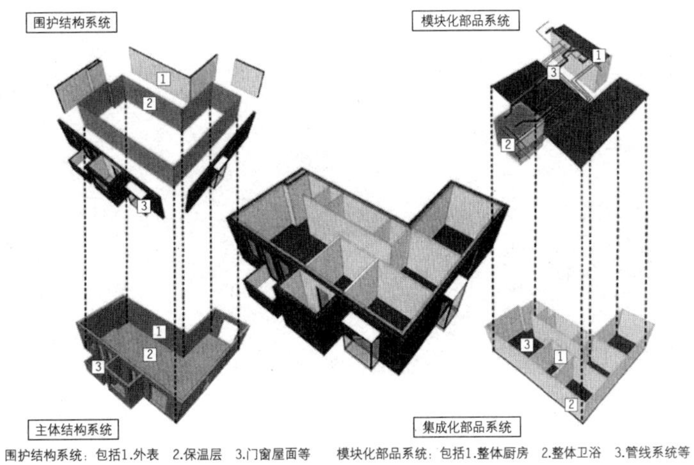

图5-3 雅世合金项目结构体、围护体、内装体和设备体示意图

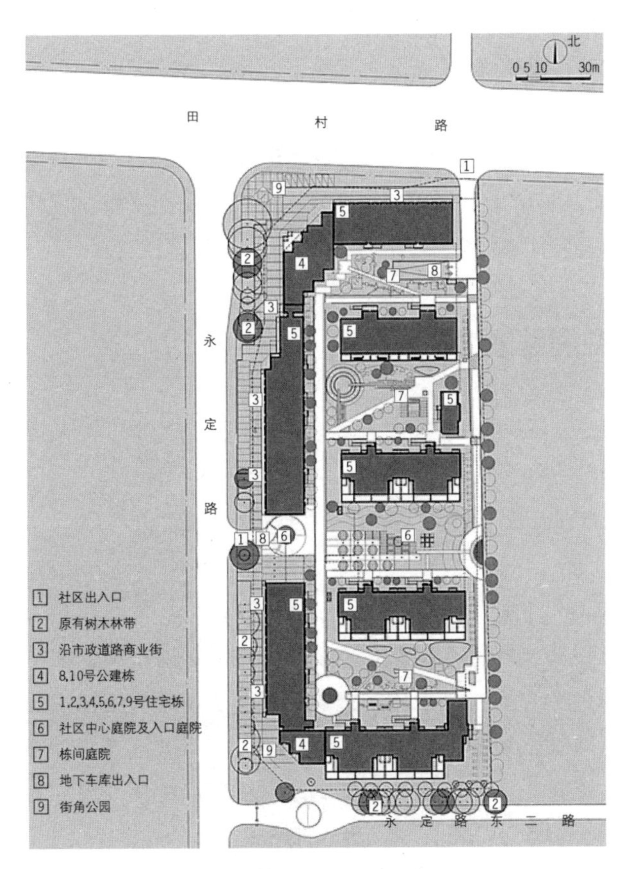

图5-2 雅世合金项目总平面图

图 5-4 结构体系示意图

雅世合金公寓项目从空间的开放性、空间的集约化与一体化、空间的灵活性与适应性三个方面制定了空间整体性解决方案。在空间开放性方面，项目采用了清水混凝土配筋砌块结构以实现大开间室内布局。

不同于精装修成品房，雅世合金公寓项目是我国最早完整实现住宅支撑体和填充体分离的开放建筑实践，在中小套型中采用了SI住宅设计与技术，将S（Skeleton，支撑体）和I（Infill，填充体）分离，这也是项目在概念上最大的特点。结构体沿外侧布置，内部形成大空间安装内装系统。其施工采取两个阶段进行，首先是外部结构体和围护体，然后是内部内装体和设备体（图5-3）。尤其是在内装部分，建筑的各部件以干式施工工法为主进行生产，成品在建造时直接安装对接就能完成。

5.1.2 空间整体性解决方案

该项目在分析我国现实家庭人口状况和生活方式等国情的前提下，从我国当前中小套型住宅建设问题及面向21世纪普适型住宅建设的品质两方面入手，制定了百年住居理念的普适性解决方案。

1. 空间的开放性

项目在选择结构体系时，为了实现大开间室内布局，并保持外观持久和易于维护，采用了清水混凝土配筋砌块结构（图5-4），再辅以加厚楼板，降低了层间噪声，并实现了清水外立面的效果。其中，清水混凝土配筋砌块结构产品主块型尺寸为90mm×190mm×390mm，带30mm深凹槽。

组砌方式为上下对扣砌筑，即利用砌块横肋上的开口，将两

图 5-5 雅世合金公寓部分户型平面图（示承重墙）

皮砌块以错缝对孔方式组砌。砌块凹槽在水平方向形成对扣的椭圆形通孔，方便配置水平和竖向钢筋，并有利于灌芯混凝土的水平流动；与垂直孔洞内的灌芯混凝土连成现浇混凝土网格结构。

采取此结构体系的一个重要目标是要实现户内大空间无承重墙。在雅世合金公寓的户型平面图（图5-5）中，对承重墙部分进行了填充标识，由此可见有一些住宅户内空间基本没有承重墙，如B户型；有些住宅户内承重墙分隔了起居空间（LDK大空间）和卧

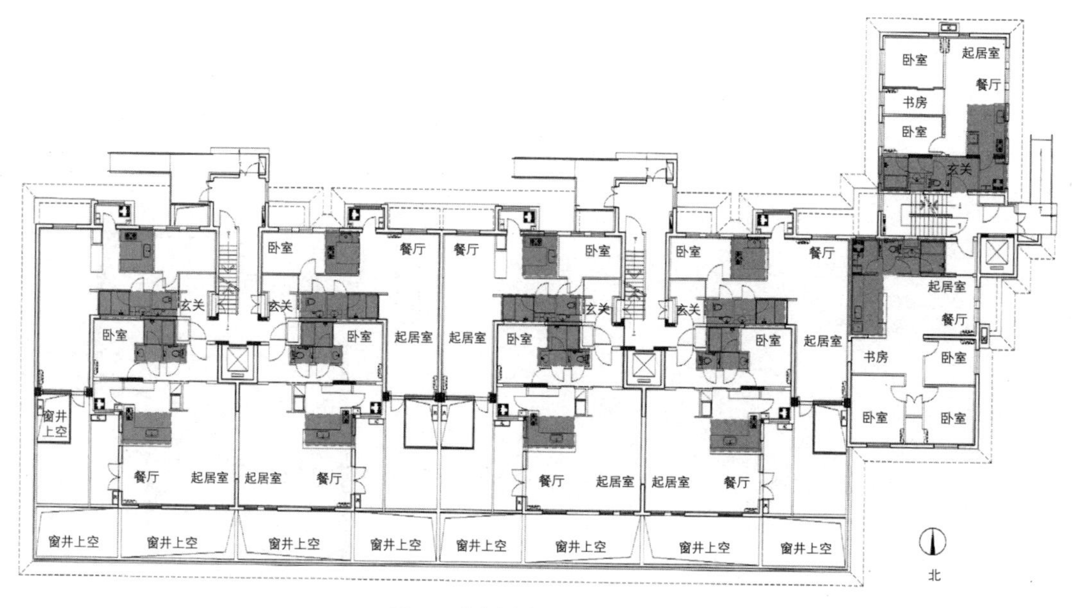

图 5-6 雅世合金公寓 1 号楼平面图

室空间（包括多功能空间），这样户内空间有较高的灵活性，可以实现多功能空间的合理设置和组合，同时也方便居民在使用中进行调整和改造。

在功能的集约化与一体化方面，为了更好地实现居住空间的可变，雅世合金公寓项目将使用空间集中化、水核集中化、对功能空间独立划分，关联性强的空间一体化整合。

2. 功能的集约化与一体化

雅世合金公寓项目在SI住宅体系的支撑下，从居住者家庭对住宅居住功能完备性和面积空间的能效性要求入手，从满足核心家庭的居住功能需求出发，实现功能的优化集约。

在SI住宅体系中，为了更好地实现可变居住空间的理念，通常的做法是将所有的空间分类、合并，对使用空间和辅助空间加以集中。之后再将这个集中的使用空间作为可变居住空间的被分隔主体提供给居住者，供其依据自身的居住需求和生活方式进行个性化的设计改造和使用。而这一将使用空间集中化从而达到可变居住空间的过程，依赖于SI住宅体系支撑体和填充体分离的特点，特别是通过大空间结构体系+管线集成+轻质隔墙三者结合的方式，使得居住空间可以更完整更集中地呈现。

在雅世合金公寓项目中，厨卫用水空间集中布置，力求水核集中，同时采用了一体化设计的模块化部品，以达到其他空间的灵活布局。其中，“水核”是指住宅中的用水区域，是整个住宅建筑中比较容易产生问题的部分，从厨卫空间处于住栋的位置（图5-6）来看，将厨卫等供水设施较为密集的区域相连，实现“水核集中”

图 5-7 雅世合金公寓的功能集约化设计

可以为管线布置和设备的更换维修提供方便，同时利于户内空间的改造。以小区内的主打A户型、B户型为例，其卫生间部分相邻，建筑的用水区域分布较为集中。

SI住宅体系对功能空间加以独立划分，关联性较强的空间进行一体化整合，如起居室、餐厅和厨房三者尽可能实现空间上的融通。相对独立的空间则采用统一设计的原则，避免空间尺度、朝向，甚至是外墙上开窗尺度的差异，如卧室、儿童房、书房之间。在雅世合金公寓项目中，居住者可以根据自己的需求选择适宜的位置布置不同的功能空间（图5-7）。

3. 空间的灵活性与适应性

传统住宅住栋形体凹凸、套型单空间封闭，同时受到严格的住宅设计规范限制，使得在建筑设计环节缺失了对其功能和形式的发散式探讨。当居住模式发生转变，实现了食宿分离（卧室与餐厅分离）公私分离（起居室、门厅独立）之后，居住者对居住空间的使用要求变得更加多元，对居住品质的追求更为注重。空间的灵活性与适应性是在住宅主体结构不变的前提下，满足不同居住者的居住需求和生活方式，便于空间的改造和功能布局的变化。

灵活性与适应性的实现分为3个层次：

第一层次，套内主要居室可以根据使用者的需求划分空间属性，满足不同家具摆放的要求，例如书房、儿童房、客卧可以是同一个居室。这一点在套型设计合理的情况下，大多数普通住宅都可以实现。

雅世合金公寓项目通过三个层次实现空间的灵活性与适应性，第一层次为套内主要居室可根据使用者需求划分空间属性；第二层级为套内可形成多种空间格局；第三层次为SI住宅体系为空间规模和建筑属性的改变提供了基本条件。

第二层次，套内可以形成多种空间格局，利用便于拆除和安装的隔墙或其他柔性遮挡进行空间分隔。SI住宅中填充体可以在支撑体扩大的空间框架内，进行灵活布置或采用不同的材料产生不同的户内环境与风格，居住者也可以根据自己的实际需求随时更换和选择填充体部品。特别是SI住宅体系将共设排水立管置于套外公共空间，套内排水系统可以采用缓坡式配置，彻底解决了套内空间受给排水系统限制的问题。可将模块化的整体厨房和整体卫浴根据居住者需求嵌入至套内任意位置。

第三层次，SI住宅体系为空间规模和建筑属性的改变提供了基本条件。相邻的单元组合之间可以实现合并，或根据需要重新进行空间划分。即便住宅的属性随着时间和空间的改变发生变化，转为商业、办公等其他用途，其支撑体依然耐用，填充体依然灵活。

为了实现三个层次的空间灵活性与适应性，这对建筑中的填充体提出了更高的要求，因为相对于支撑体部分以耐久性作为保证建筑长寿化的策略（使用寿命长达几十年甚至上百年）而言，填充体部分则要更为直接地面对使用者需求的快速变化和个性化要求，其使用周期会短至五年、十年，甚至某些部品和构件的更换更为频繁，在支撑体的全部生命运行周期内会进行4～5次以上的更换。因此，填充体对于建筑长寿化的最好保障，并非是局限于其自身使用寿命的长度，而是可以实现快速、便捷的更替，尽量脱离支撑体独立存在，以避免因填充体的周期性变化而对支撑体耐久性产生不良影响。

在项目中，大量的干法施工技术和各种集成技术的应用，例如内装与管线分离、隔墙体系、围护结构内保温与节能技术、干式地暖节能技术、整体厨房与整体卫浴、新风换气系统、架空地板系统与隔声技术、适老性技术等（图5-8），不仅是出于对部品体系工业化生产的考虑，更是实现这种可变性策略的技术手段。

此外，项目立足于满足居住全生命周期内的空间环境的适应性、住宅的持久耐用性、日常生活及将来的变化。例如在针对儿童和老年群体的考量中，空间布局与部品应用加入了满足全龄需求的系统设计。具体包括：室内不出现15mm以上的高度差，开关的设置高度为距地面1000mm，插座的高度为距地面400mm，报警按

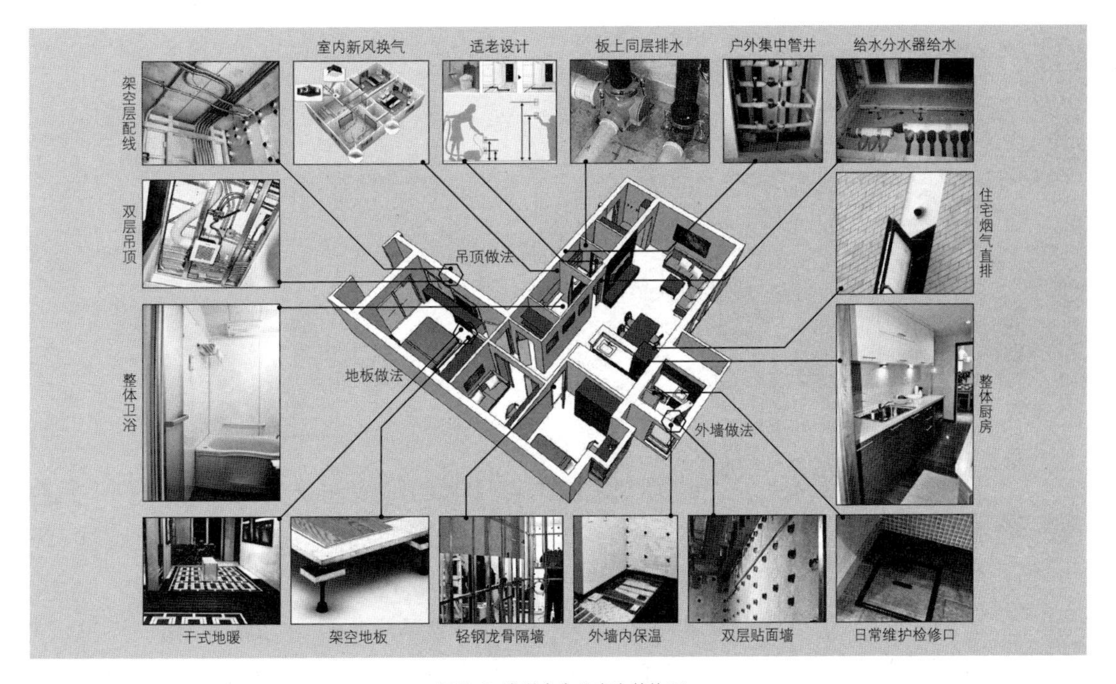

图 5-8 雅世合金公寓内装体系

钮设计高度为800mm；在玄关、厕所、浴室安装扶手，并在卧室和厕所设置紧急呼叫按钮等一系列无障碍设计措施。

5.1.3 系统性内装技术集成

项目在满足居住基本功能的基础上，进一步考虑满足日常维修以及将来内装更新的要求，通过采用工业化集成技术，结合成套的技术研发，形成住宅生产的工业化；力求通过住宅系统性技术集成提高住宅工业化程度，全面地提高住宅性能和居住品质。在集成技术方面，研发SI住宅设备与管线集成技术、公共管井设置与同层排水、给水分水器系统、厨房横排烟、新风负压式换气、日常维护检修及适老化需求等多项核心技术与集成技术体系。

1. 设备与管线集成技术

（1）墙体与管线分离技术

墙体与管线分离技术的关键主要是实现了户内排水立管水平出

图 5-9 架空地板内的管线

雅世合金公寓项目应用了多项内装集成技术，包括设备与管线集成技术（墙体与管线分离技术、公共管线设置与同层排水技术、给水分水器系统及其部品技术）、内保温技术、排烟换气系统技术（厨房横排烟技术、新风负压式换气技术）、日常维护检修集成技术。

户的连接方式，应用了特殊的排水系统及其部品。传统住宅中的内装多将各种管线埋设于结构墙体和楼板内，当改修内装的时候，需要破坏墙体重新铺设管线，给楼体结构安全带来重大隐患，减少建筑本身使用寿命，同时还伴随着高噪声和大量垃圾出现。

在管线的施工中，现场很难发现施工错误，日常维护修理也是异常困难。因此，为了提高内装的施工性，兼顾日后设备管线的日常维护性，项目采用SI住宅的墙体和管线分离技术进行设计。

首先，项目中安装了架空地板系统，架空空间内铺设给排水管线，实现管线与主体的分离（图5-9）；其次，在安装分水器的地板设置地面检修口，方便检查和修理；再次，采用轻钢龙骨吊顶，内部空间铺设电气管线、安装灯具；最后，采用内保温双层墙设计，架空空间用于铺设电气管线、开关、插座。

以上三种SI管线与墙体分离技术做法可以将住宅室内管线不埋设于墙体内，使其完全独立于结构墙体外，施工程序明了，铺设位置明确，施工易管理，后期易维修，将来内装易改修是此技术的核心所在。

（2）公共管线设置与同层排水技术

目前，国内多采用板下排水方式，万一发生漏水，或是修理问题都会殃及楼下住户。同时，排水的噪声也是令使用者烦恼的事情之一。

因此，项目设置公共管道井，尽可能地将排水立管安装在公共空间部分，再通过横向排水管将室内排水连接到管道井内。在室内

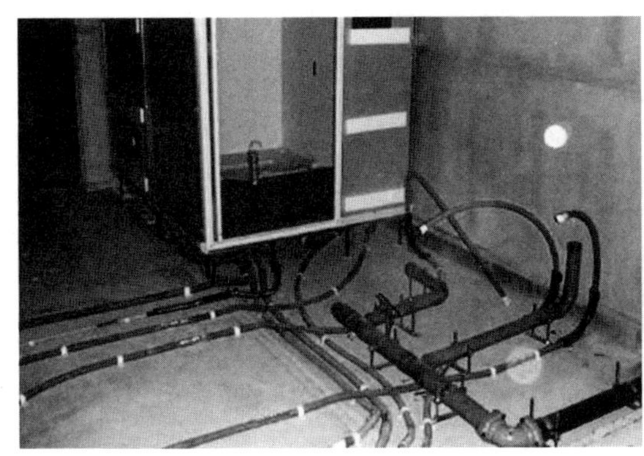

图 5-10 整体卫浴同层排水

采用同层排水技术，将部分楼板降板，实现板上排水（图5-10）。同时，管道井内采用排水集合管，连接两户排水横管，节省材料。排水集合管由铸铁加工而成，拥有60年以上的使用寿命，耐久性极强，通过排水集合管管径的变化，实现排水的螺旋下落，留出通气空间，无需设置通气管即可实现经济、高效、安全的排水。

（3）给水分水器系统及其部品技术

传统住宅户内生活给水系统设计，在水表后普遍采用“三通”沿途逐级分流配水的方式，即“三通”管件与各个卫生器具的配水管相连。这使得在使用某一卫生器具时，会引起管道内各用水点水压及流量分配不均，导致同时使用两个及以上卫生器具时，出口流量达不到额定流量要求。

因此，项目在表后的生活给水系统干管上设置分水器，通过这种截面较大的配水装置向各个卫生器具给水配管集中分配水量，将水均衡地分配到各个单独的用水点，也使得各出水点处压力均匀、流量稳定（图5-11）。另外，通过将分水器安装在架空木地板的空间内，并预留边长为60cm的检修孔洞，可以保证检修的便捷。

2. 内保温技术

项目引进日本广泛采用的内保温施工工艺，在双层贴面墙架空空间内喷施内保温材料，外墙保温以及冷桥处实施强化处理，采用55mm厚的聚氨酯发泡保温层，从而达到了北京地区要求的节能标准（图5-12）。该保温体系占用空间小，保温性能好并兼具防水功

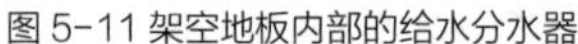

图 5-11 架空地板内部的给水分水器

图 5-12 雅世合金公寓中的内保温做法

能。与外保温工艺相比，内保温工艺施工安全，造价较低，不会出现外墙面砖脱落现象。

从长远来看，外保温更新需要拆卸外墙表层部分，施工时间长，规模大，耗资大。而内保温可以同内装一同更新，施工简单，周期短，随时可以进行维修，大大减轻住户的经济负担。

3. 排烟换气系统技术

（1）厨房横排烟技术

国内大多数的厨房设有上下层贯通的烟道，将油烟由屋顶排出。此类烟道存在上下层隔声差、火灾发生时通过烟道火势迅速蔓延、长年累月的使用使烟道内油腻不卫生等问题。项目取消了上下贯通的排烟道，直接将抽油烟机的排烟口设置在阳台外窗上方，完成了独户排烟。为了减轻油烟对外墙壁的污染，相配套的抽油烟机需要拥有较高的油烟过滤能力。

（2）新风负压式换气技术

随着住宅密闭性的提高，以及对室内有害气体的关注，住宅需要进行定期换气来保证室内空气质量。负压式换气就是通过换气设备强行排放室内空气，使室内形成负压，从而通过设置在墙壁上的带有过滤网的送气口吸入户外的新鲜空气，有效地去除沙尘。

项目安装了新风负压换气系统（图5-13），采用负压式换气，将干净的空气送到各个房间，用户可以不开窗即可呼吸到户外新鲜的空气；同时避免室内外气压不同引起地漏返味。为了防止户外空

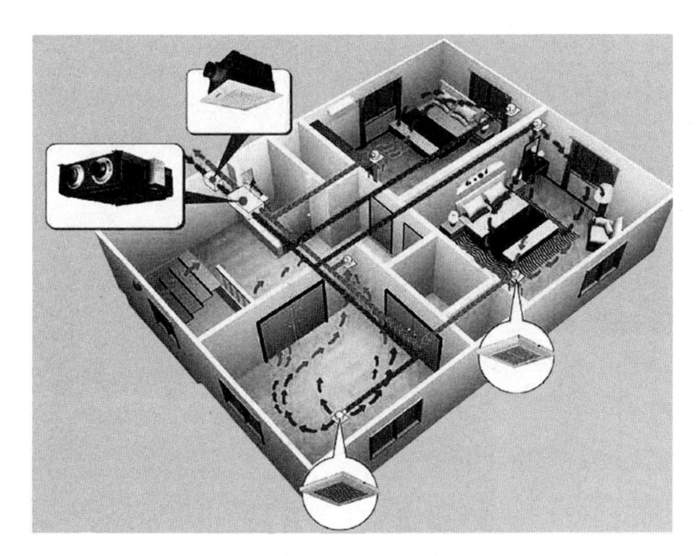

图 5-13 全面换气集成技术

图 5-14 室内检修口设置

气直接吹向人体带来的不适，将送风口设置在距地面2m高的地方，尽可能远离床头，风口朝上设置。

此外，为了确保室内空气的流动，各房间房门下部要留出10mm的空隙。图5-13为全热性交换功能的换气机，适合北方寒冷地区使用，舒适环保，但体量较大，因而在设计阶段需充分考虑安装位置以及管线铺设空间的预留问题。

4. 日常维护检修集成技术

为满足设备定期检修及更换需要，项目除了在安装分水器的地板设置地面检修口，还在换气设备附近设置天花检修口；对较长横排水管接头附近设置管道检修口；采用带有检修口的排水集合管等措施，以保证管线维修的安全和方便（图5-14）。

5.1.4 系统性内装部品集成

SI住宅内装设计是保证居住基本性能要求的设计，决定着住宅的舒适性、安全性、耐久性以及将来的更新维修难易度等最重要部分。内装部品体系通过建筑工业化的生产建造方式，可实现工厂化生产，采用通用部品，并有效地解决了施工生产的尺寸误差和模数

图 5-15 雅世合金公寓中架空地板的现场施工

雅世合金公寓项目中集成了多项内装部品，形成了工业化内装部品体系，包括集成化部品，如架空地板、双层吊顶、双层贴面墙、轻质隔墙、干式地暖等。

接口问题。

雅世合金公寓在住宅中试验了多项新型部品，如将厨房和卫生间部品化，使住宅内的主要用水房间有了施工上的质量保证。特别是结合三分离式卫浴产品。

在施工时，整体卫浴作为设备现场安装，而后再进行侧面内装墙壁施工，节省施工时间，同时有利于后期的维护和更换，杜绝漏水现象的发生。干湿分离、功能三分离的形式也为居民提供了舒适而可持续的居住体验。

1. 集成化部品

（1）架空地板

项目采用了架空地板，地板下面采用树脂或金属地脚螺栓支撑，架空空间内铺设给排水管线，实现了管线与主体的分离，且在安装分水器的地板处设置地面检修口，以方便管道检查和修理使用。架空地板有一定弹性，对容易跌倒的老人和孩子能起到一定的保护作用。在地板和墙体的交界处留出3mm左右的缝隙，保证地板下空气流动，以达到预期的隔声效果。

由于限高，层高只能达到2.9m，因此在架空地板的应用上，为了尽可能增加室内净高，1号楼采用了房间局部降板的做法，即在卫生间处采用结构降板300mm的处理手法解决下水管道排布的问题，确保卫生间与其他区域面层保持高度一致，同时节约了空间高度（图5-15）。

图 5-16 雅世合金公寓中双层吊顶的现场施工

（2）双层吊顶

项目采用双层吊顶，内部空间铺设电气管线、安装灯具及更换管线以及设备等使用（图5-16）。将各种设备管线铺设于轻钢龙骨吊顶内的集成技术，可使管线完全脱离住宅结构主体部分，并实现现场施工干作业，提高施工效率和精度，利于后期维护改造。

在雅世合金公寓项目中，双层吊顶部分针对不同户型的不同空间高度选择了不同的龙骨，共有四种类型。

第一种承载龙骨为U形龙骨，其特点是水平龙骨可自由调节高度，吊顶系统高度占用少，可使吊顶下净空间做得比较高，且水平龙骨只需要一层，但不足的是，每个U形卡均需使用胀栓固定于顶棚上，施工效率低，对顶棚破坏较大。

第二种承载龙骨为吊件式龙骨。其特点为不需要很多的吊点，施工速度快，对吊顶破坏小，但该形式需主次两层龙骨，主龙骨与次龙骨分别一上一下，占用了较大的空间高度。

第三种承载龙骨为低空间龙骨。其纵横两个方向（可只布置一个方向）的龙骨在同一个高度上，两种龙骨均为覆面龙骨，占用空间高度小，且纵横两个方向均有龙骨分布，适合空间比较低的房间使用。

第四种承载龙骨为齿形龙骨。其主龙骨为齿形，直接固定于顶部，次龙骨卡在主龙骨的两个齿上。其特点为主次龙骨纵横分布、一上一下，但主龙骨所占空间高度不大，也较为适合低空间使用。

（3）双层贴面墙

项目采用双层贴面墙做法（图5-17）。架空空间用来铺设电气

图 5-17 雅世合金公寓中双层贴面墙的施工

管线、开关、插座，同时可作为铺设内保温所需空间。与砖墙的水泥找平做法相比，石膏板材的裂痕率较低，粘贴壁纸方便快捷；墙体温度也相对较高，冬季室内更加舒适。

（4）轻质隔墙

在室内采用轻钢龙骨或木龙骨隔墙，此类隔墙的墙体厚精度高，能够保证电气走线以及其他设备的安装尺寸；可根据房间性质不同，在龙骨两侧粘贴不同厚度、不同性能的石膏板，如在需要隔声的居室，墙体内填充高密度岩棉；隔墙厚度可调，因而可以尽量降低隔墙对室内面积的占有率；同时，拆卸时方便快捷，又可以分类回收，大大减少废弃垃圾量。

考虑到我国国情和北方地区使用木龙骨，含水率不易控制、使用中易发生变形现象等问题，项目选择了轻钢龙骨隔墙体系（图5-18）。其中，在具体龙骨和板材的选型上还需要考虑诸多因素。

在龙骨选型上，需要考虑墙体的厚度、隔声要求、功能要求等因素。对于厚度，一般情况需结合户型与相邻墙体的关系和占用面积等因素综合选择，在满足功能和美观要求下，尽可能将墙体做薄以占用最小的面积。例如宽度为50~150mm的龙骨，加上外敷板材，墙厚可以做到75~175mm（不含贴砖面层）。

在隔声要求上，一般普通龙骨板材墙面加隔声棉的处理可满足规范中对于卧室与其他房间的隔声要求。

在功能上，主要是满足特殊部位的需要，如需要悬挂重物的位置，或橱柜的吊柜及后期使用中需承受较大荷载的位置，这时则应根据要求进行特殊处理，一般改为角钢龙骨或方钢龙骨。

图 5-18 雅世合金公寓中轻质隔墙的施工

图 5-19 雅世合金公寓中干式地暖的安装

在板材选型上，一般根据房间功能要求进行确定，通常为石膏板和水泥压力板，而石膏板又分为防水石膏板或普通石膏板。在同样厚度的条件下，水泥压力板的强度和刚度比石膏板大，因此当需要做贴砖墙面时，为避免饰面砖受水平荷载而变形断裂，要求基层具有足够的刚度。

（5）干式地暖

为了达到既舒适又节能的居住效果，项目采用通过燃气壁挂炉供暖的干式地暖，实现独户采暖。用户可以根据气温的变化，精确控制室内温度，不受采暖期的限制，有效避免室内过热或过冷。

采用内保温为独户采暖提供了先决条件。外保温体系需要24 小时不间断加热才能保证楼栋的整体温度，保证每户的室温温度，能耗较大、效率较低；内保温有助于采暖设备在短时间内迅速提高室内温度，有效节省能源，提供了舒适的生活空间。

雅世合金公寓项目采用现场铺装干式地暖（图5-19），其施工规格有100mm及150mm间距两种。在具体技术选择上，经过比较，最终选择了现场铺装干式地暖。另外为了适应中小套型高集成度住宅的特点，项目对原有的工法进行了部分改进。

例如，原有工法只有150mm加热管间距的地暖板，其散热量不能满足中小套型房间的需求，所以增加了100mm间距的地暖板以满足部分房间需求；考虑到原工法中大芯板在加热后会挥发有害气体，再加上其本身较厚，所以改用800mm × 1200mm × 12mm规格的水泥板，并用螺钉将其固定在基层上。

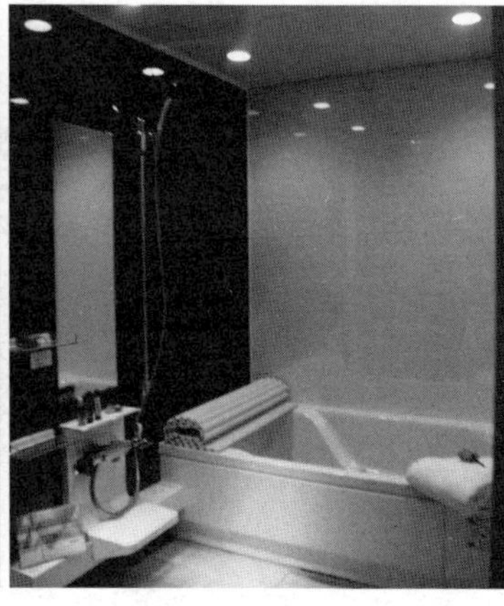

图 5-20 雅世合金公寓的整体卫浴设计

雅世合金公寓项目采用整体厨卫设计，将厨房与卫生间部品化，应用可以工业化生产现场拼装的整体卫浴和整体厨房。

2. 整体厨卫

厨卫空间是城市住宅中极其重要的空间，是住宅中的水、电、燃气、管道最为集中的区域，也是较容易出现问题的区域。雅世合金公寓的设计理念之一是采用整体厨卫设计，在位置分布上，力求水核集中；在具体实施上，为了施工的方便性、提高防水性和耐久性，项目采用工业化生产现场拼装的方式，满足创新生活的需要、实现可持续发展的要求，也是区别于城市住宅的重要特点。

（1）整体卫浴

项目采用整体卫浴，并将如厕空间、淋浴空间和盥洗空间各自分离，卫生间实现了干湿分离（图5-20），降低了老人孩子滑倒的风险，物品各归其位，也便于清理打扫。集成卫生间空间采用一体化设计，底盘防水性能较高，浴缸采用人体工程学设计，并安装浴室专用空调机，满足耐久性和舒适性的要求。

通过产品性能比较，项目最终选择的整体卫浴部品托盘材质为树脂，墙面为彩纹钢板，浴缸和托盘分离，拼装不受装饰施工限制，对现场的条件要求较低，交叉很少，且外表更美观。在整体卫浴内的采暖系统上，项目采用了热风型采暖产品，其特点是电热由风机送出，可安装在顶上任一位置，且受热面积更广，更为舒适。

（2）整体厨房

项目采用整体厨房，考虑厨房作为家庭服务区所需要设置的各种部品、设备以及管线，进行合理布局与有效衔接；整合模块化、

图 5-21 雅世合金公寓的整体厨房设计

标准化的橱柜系统，实现操作、储藏等功能的统一协作，使其达到功能的完备与空间的美观；通过开敞的布局形式，实现空间层次的丰富性，同时增进家人之间的感情交流。

在雅世合金公寓项目中，其厨房采用“一字型”“走廊型”为主导，配合“DK型”厨房形式的集成化厨房空间，目的是使有限的户型面积使用效率最大化，面积占有率节约化（图5-21）。

其中“DK型”厨房从形式上仍从属于其他平面形式，只是在局部空间上做了开放式设计，即根据空间需要将厨房和餐厅等公共空间联系起来，把一面墙的吊柜和地柜之间的部分作开放式处理，空间高度正好是人可视和可操作的范围；或把厨房的一面地柜直接处理为餐台的形式。在空间尺度（不含隔墙）上，整体厨房尺寸最佳为长3000mm×宽2250mm，高度2400mm，面积6.75m^2；最小为3400mm×1650mm，高度2300mm，面积为5.61m^2。当DK式厨房操作台与餐厅或起居室相连且设计有吊柜时，吊柜底高度应不低于1600mm，即以人的视线高度为宜。

总的来看，雅世合金公寓采用的支撑体和填充体分离技术，使得建筑具有长效性，延长了住宅的使用寿命；居住具有适应性，允许进行改造，适应不同家庭的需求；生产具有集成性，采用工业化的集成生产与建造方式，提升住宅的综合效益。

虽然雅世合金公寓也仅仅是初步实践了内装产业化体系的各项技术，很多技术尚不成熟，但项目引起了很大的社会反响。

图 5-22 浙江宝业新桥风情百年住宅示范项目效果图

宝业新桥风情百年住宅示范项目于2019年建成，由中国建筑标准设计研究院设计，项目在百年住宅技术体系的基础上充分发挥了宝业PC技术与装配式内装产业化技术优势，通过高品质住区环境舒适性能、高耐久住宅主体内装适应性能、高标准住宅性能保障技术集成“三位一体”。

5.2 设计实践——宝业新桥风情百年住宅项目

5.2.1 项目概述

宝业新桥风情百年住宅示范项目（图5-22）在百年住宅建设技术体系的基础上充分发挥宝业PC技术与装配式内装产业化技术优势，倾力打造的舒适、健康、可持续、全寿命期住宅。不仅大幅度提高住宅质量，满足人们日益增长的居住环境要求，更促进可持续建筑建设目标的早日实现。

项目于2019年建成，位于绍兴市越西路与西郊路交叉口，紧邻新桥江。项目规划总用地面积4.12hm^2，建筑面积13.5hm^2，共有14栋楼，767套，包括10栋高层住宅、4栋高层住宅产业化装配式住宅示范楼（4#、7#、8#、10#楼）。地上建筑面积约9.55hm^2，容积率 2.3（图5-23）。

5.2.2 项目整体技术解决方案

项目通过高品质住区环境舒适性能、高耐久住宅主体内装适应性能、高标准住宅性能保障技术集成“三位一体”，全面实施“百年住宅高性能住居适应性整体解决方案”，实现百年住宅居住品质的升级。

首先，在高品质住区环境适应性能方面，项目通过高水平规划的道路交通、市政条件、建筑造型、绿地配置、活动场地和噪声与

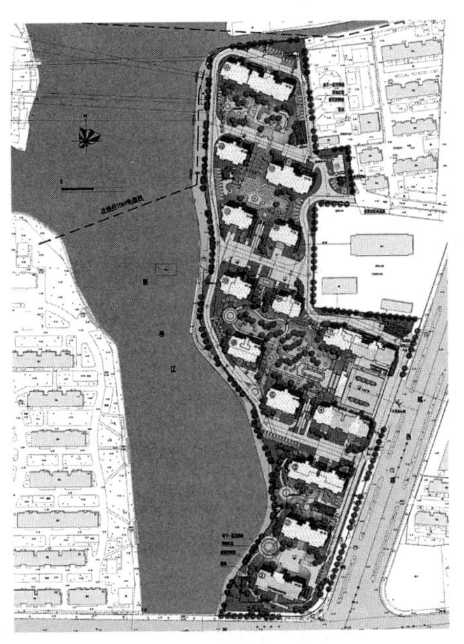

（a）总平面图

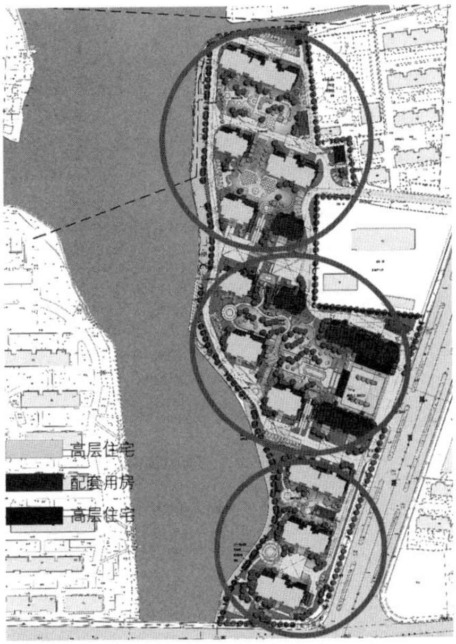

高层住宅
配套用房
高层住宅

（b）组团布局

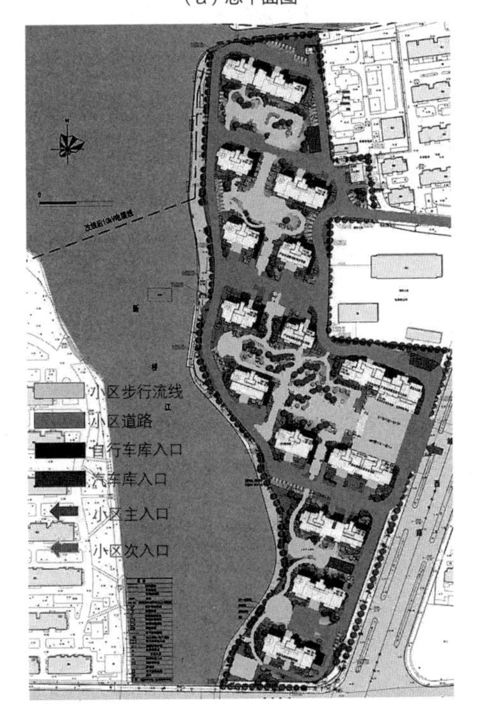

（c）交通流线

（d）消防流线

图 5-23 项目区位及流线分析图

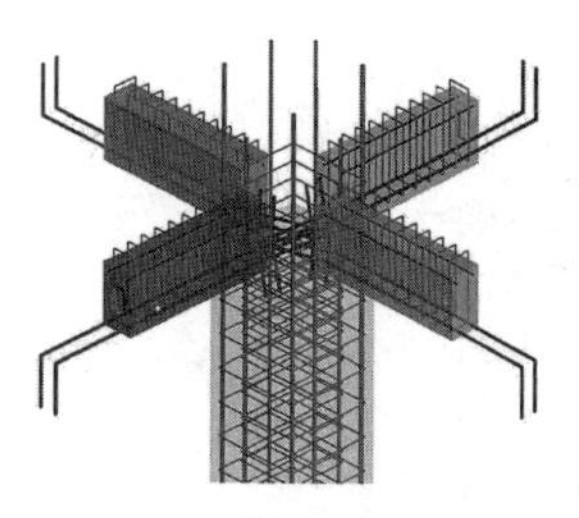

装配整体式框架结构

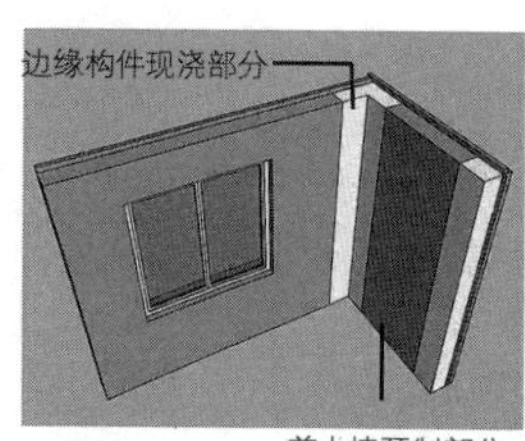

装配整体式剪力墙结构

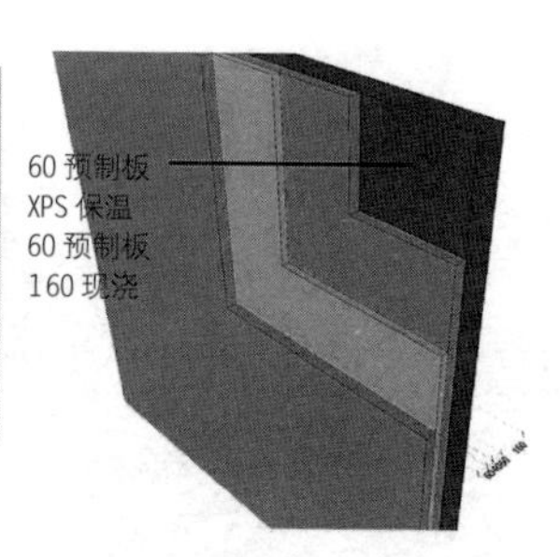

预制叠合剪力墙（PCF）

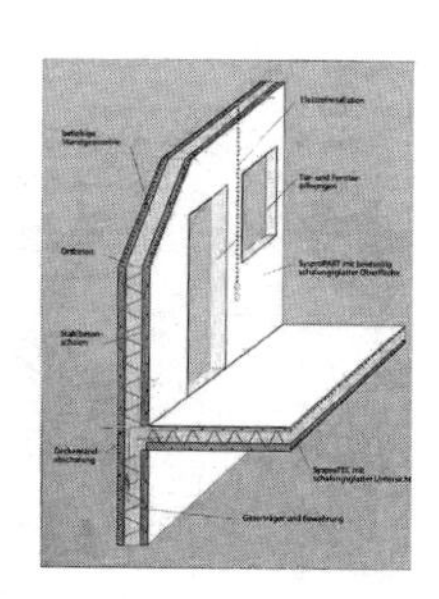

叠合板式剪力墙结构

图 5-24 装配式结构综合比选

项目实现了主体产业化与内装产业化的同步实施建设。在结构系统上，采用西伟德体系和国标体系，并对两种体系的实际实施进行了对比；外围护结构系统上采用双层墙面与复合耐久性保温集成技术；设备与管线系统采取与主体结构分离的方法；内装系统上，项目采用内装全干式工法，应用了包括整体收纳、整体厨卫在内的多项先进部品。

空气污染控制，确保了高品质住区环境的实现。

其次，在高耐久住宅主体内装适应性能方面，作为中国百年住宅示范项目，项目采用SI体系，使住宅主体结构和内装部品完全分离。通过架空楼面、吊顶、架空墙体，使建筑骨架与内装、设备分离。当内部管线与设备老化时，可以在不影响结构体的情况下进行维修、保养，并方便地更改内部格局，以此延长建筑寿命；最大限度地保障社会资源的循环利用，使住宅成为全寿命耐久性高的保值型住宅。

最后，在高标准住宅性能保障技术集成方面，项目采用隔声性能、品质优良性能、经济性能和安全性能保障技术集成系统，全方位、高标准地实施百年住宅，确保百年住宅的长久品质。

5.2.3 项目系统构成

项目是宝业集团在浙江省绍兴市开发建设的首个中国百年住宅示范项目。依托宝业集团深厚的主体产业化积淀，全面实现了主体产业化与内装产业化的同步实施建设。

· 结构系统

在结构系统方面，项目采用了两种主体产业化体系，即西伟德体系（叠合板式剪力墙结构）和国标体系（装配式剪力墙结构），并对两种体系的实际实施进行对比（图5-24）。

4#和7#楼采用西伟德体系（叠合板式剪力墙结构）。3~17层（顶层）采用叠合板式混凝土剪力墙，1~16层均采用叠合楼板。

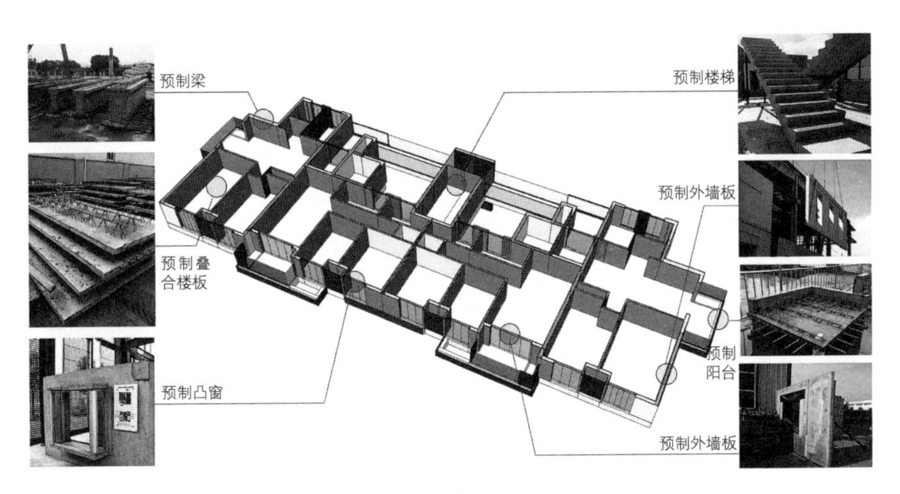

图 5-25 构配件标准化

叠合剪力墙210mm厚，采用（60+100+50）mm的划分，外侧的60mm和内侧的50mm剪力墙部分工厂预制，中间100mm厚部分采用现浇。8#和10#楼采用国标体系（装配式剪力墙结构）3~17层（顶层）采用装配式混凝土剪力墙，1~16层均采用叠合楼板。装配式混凝土墙厚200mm。预制空调、楼梯梯段，采用叠合式阳台，底板采用叠合板，围护结构为PC预制，减轻自重，便于吊装。

· 外围护系统

在外围护结构系统方面，项目采用双层墙面与复合耐久性保温集成技术（图5-25）。采用树脂螺栓、轻钢龙骨等架空材料形成架空墙体，实现了结构墙体与内装管线的完全分离，方便维修更新；不需要找平层，采用石膏板粘贴壁纸，方便快捷；干式工法、施工现场清洁，且墙体材料不易发霉；树脂螺栓，形成空气层，保温隔热效果增强。

· 设备与管线系统

在设备与管线系统方面，SI住宅户内管线敷设工程与传统住宅不同，它多采用管线与主体结构分离的方法，在方便管线更换的同时，不破坏主体结构。在承重墙内表层采用树脂螺栓或轻钢龙骨，外贴石膏板，形成贴面墙的构造。架空空间用来安装铺设电气管

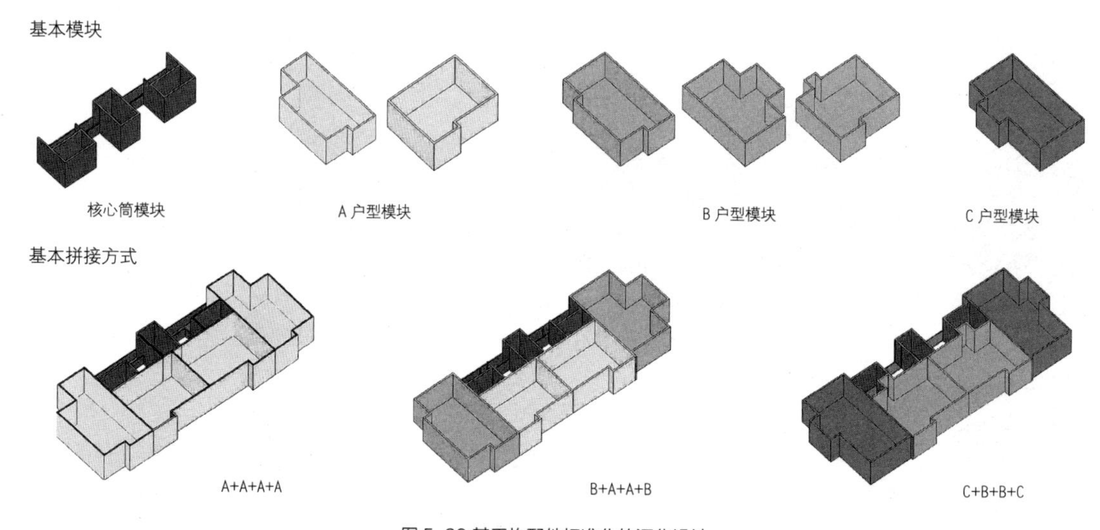

图 5-26 基于构配件标准化的深化设计

线、开关、插座等。

·内装系统

项目采用的整体卫浴是以防水底盘、墙板、顶盖构成整体框架，配上各种功能洁具形成的独立卫生单元，用工业化的整体卫浴代替传统装修，比传统湿作业装修速度快，排水盘和整体墙板的拼装工艺保证了不漏水。由于采用了干式施工，整体卫浴不受季节影响，无噪声，无建筑垃圾，节能环保。

项目采用的整体厨房，前期介入，统一设计；集体采购，降低成本；干法施工，安装方便；环保安全。整体厨房标准化、模块化；整体橱柜配置更为完整；操作界面更为连续。

5.2.4 项目系统性集成技术

项目从建设产业化、建筑长寿化、品质优良化和绿色低碳化四个方面进行技术集成研发，综合考察应用了三十多家国内外企业的先进部品，形成了项目的国内外性能优良和产业化部品应用体系，推动江浙地区住宅建造发展方式的技术转型升级。

·建设产业化

在建设产业化方面（图5-27），项目采用内装全干式工法，应

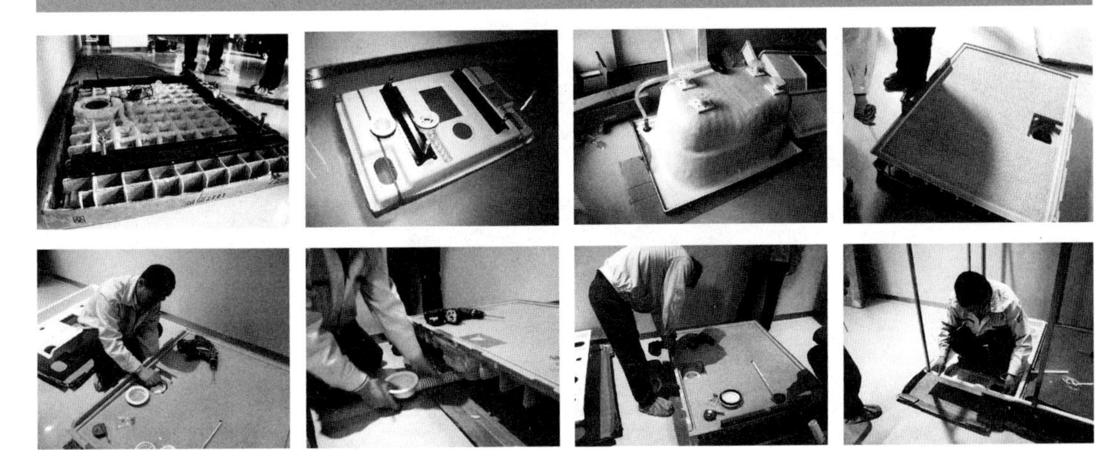

图 5-27 建设产业化方面相关图示

用了整体卫浴等通用部品，外立面围护结构以及主体部分采用干式工法施工，保证了施工品质，促进了建造方式的升级。其中，内装全干式工法包括采用轻钢龙骨系统、内装树脂线脚与收边材料、木地板等；通用部品包括整体卫浴、整体厨房、系统坐便以及系统洗面等；另外还包括外立面及围护结构的装配以及主体结构减少湿作业等。

·建筑长寿化

在建筑长寿化方面（图5-28），项目采用高耐久性结构体与围护结构、SI分离工法与集成技术、大空间及具有可变性、开放感的空间布局，并设置了管道检修口，有利于可持续居住长久价值的实现。其中，SI分离工法包括外墙内保温架空层、吊顶布线、局部架空以及电气配线与结构分离等；SI集成技术包括给水分水器、单立管排水集成接头、局部板上同层排水、排水立管集中设置等；耐久性围护结构包括外立面耐久性材料与部品以及SKK自洁耐久型仿石涂料的应用。

·品质优良化

在品质优良化方面（图5-29），项目应用了新风技术、通用型产品系统、双玻LowE内开铝合金断热门窗、阳台系统、洗衣机防水盘、厨卫直排系统、环保内装材料、居家全收纳系统等一系列

项目从建设产业化、建筑长寿化、品质优良化以及绿色低碳化四个方面进行技术集成，并应用了众多先进部品，形成了国内外性能优良和产业化部品应用体系。

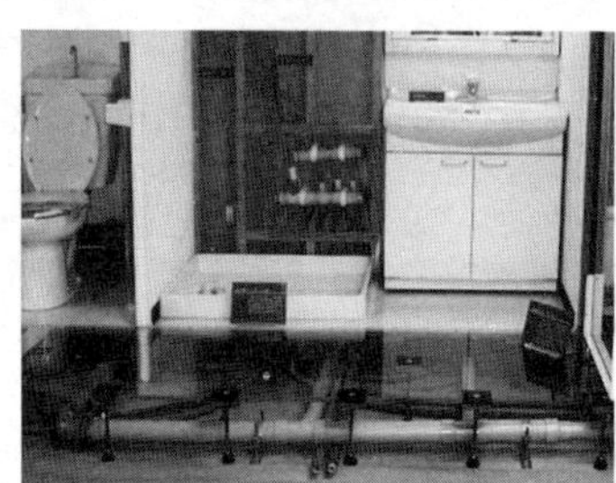

图 5-28 建筑长寿化方面相关图示

高性能设施。其中，新风技术包括全部采用负压式新风，并加强套型自然通风设计；通用型产品系统包括门厅扶手、推拉门的部分使用、开关插座适老设计、单元无台阶等；阳台系统包括树脂地面和晾衣部品的应用；环保内装材料包括呼吸砖、低甲醛环保材料以及静音式内门系统等。

·绿色低碳化

在绿色低碳化方面（图5-30），项目通过技术应用实现了高等级的保温隔热性能，并采用了节能器具以实现绿色减排的发展目标。其中，保温隔热技术包括内外保温工法、高性能门窗YKK，带窗下披水部品等；节能器具包括太阳能电灯（公共部位）、LED灯具（门厅部位）、高节水卫生洁具以及高效热水器具等。

5.2.5　功能空间提升设计集成技术

项目在套内空间设计（图5-26）中集成了LDK一体化、多用型居室、综合型门厅、整体收纳、整体厨房与整体卫浴六大功能系统，保证功能的完备（图5-33）。项目通过起居室（L）、餐厅

品质优良化——高性能设施的采用

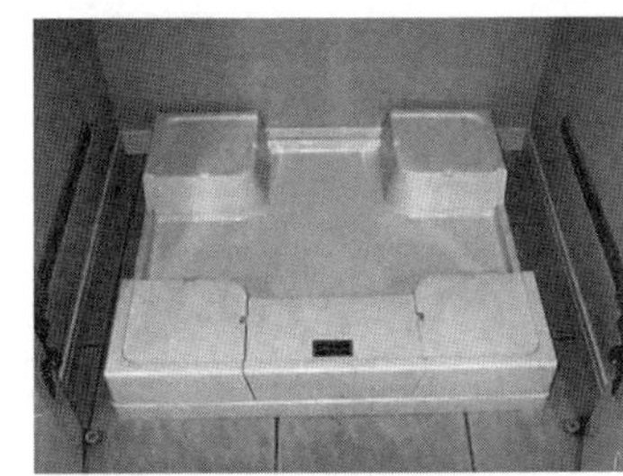
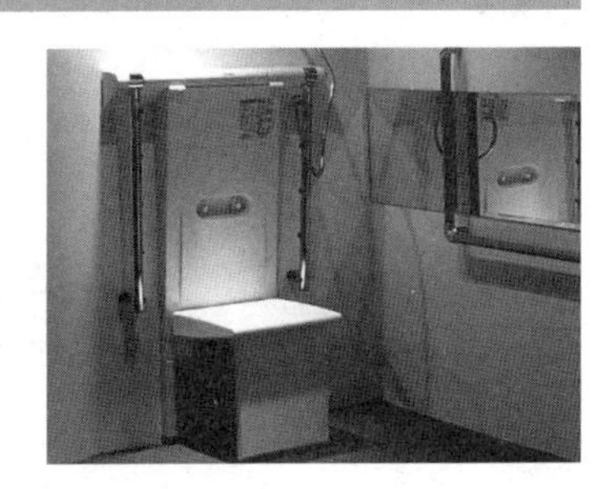

图 5-29 品质优良化方面相关图示

绿色低碳化——二氧化碳排放量的消减

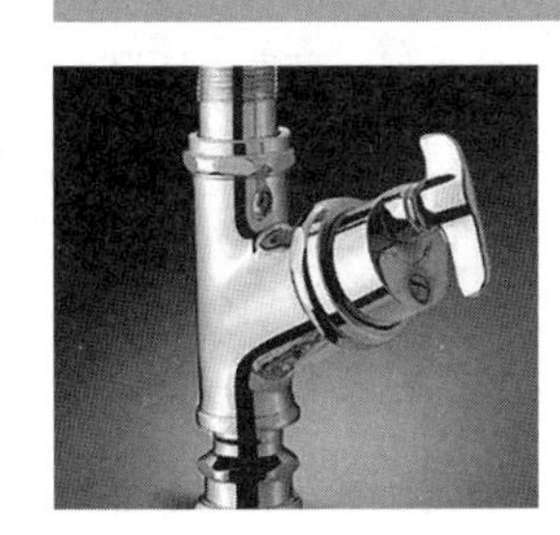

图 5-30 绿色低碳化方面相关图示

图5-31 项目样板间展示(从左至右:LDK空间、居室、门厅)

项目在套内空间设计中集成了LDK一体化、多用型居室、综合型门厅、整体收纳、整体厨房与整体卫浴六大功能系统，保证功能的完备。

（D）、厨房（K）三者融合形成一体化空间，完整方正，便于使用及家人交流互动。没有明确空间界限的起居室与开放餐厨空间相结合，延长了居住者的视线可达距离，也拓宽了交流视域距离（图5-31）。

多用型居室（图5-31），即不限定空间使用属性，由于项目套内无结构墙，可以根据居住者的不同居住需求设置，提高了空间分隔的灵活性和布局变化的可能性。

综合型门厅（图5-31）最基本的属性是划分套内外空间，项目通过入口门厅与客厅之间10mm坡度，保证了洁污分区。同时，通过收纳的设置，满足衣物、鞋帽存放和临时置物等需求。考虑到居住者进出门时一系列更衣换鞋的工作，合理组织扶手、柜体、置物板、坐凳等连续界面，便于居住者依靠、抓扶、支撑。

整体收纳以及整体厨卫（图5-32）是内装系统的重要组成部分。项目中主力套型收纳面积占套内使用面积的11.68%，在各功能空间均设有相应柜体组合及置物架等；所采用的整体厨卫均为标准化、模块化生产、干法施工，质量可靠且安装便捷。

总的来看，项目研发创立了符合产业化要求的住宅建筑体系和部品部件体系，攻关了独具特色的长寿命、高品质的绿色低碳型百年住宅产品。项目从推动与发展我国建筑产业化技术出发，以建筑设计理念变革和建筑科学技术创新为先导，优化了项目实施的生产组织和结构，以建设符合时代发展、满足市场需求的建筑产品。

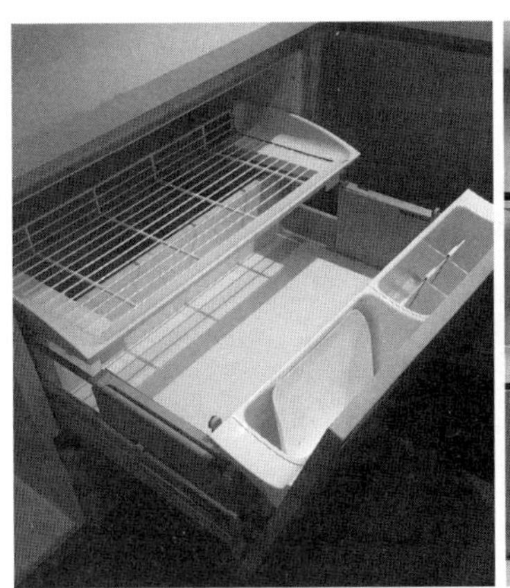

图 5-32 项目样板间展示（从左至右：整体收纳、整体厨房、整体卫浴）

图 5-33 项目套内六大功能体系

雅世合金公寓实践了我国新型工业化建造模式，将支撑体系和内装体系分离，是我国内装工业化体系化的尝试。通过雅世合金公寓的居住实态和满意度调查，从居民使用和评价的角度对内装工业化体系的应用状况进行研究，期望为进一步完善和发展内装工业化体系提供依据。

5.3 评价——居住实态和满意度

随着城市化进程的加快和我国城市住宅的大量建设，传统城市住宅建设方式落后的问题也逐渐凸现出来，大多城市住宅工业化程度低、环境负荷较高，综合性能差。“十二五”时期，国家《工业转型升级规划（2011-2015年）》提出，我国已进入只有加快转型升级才能实现工业又好又快发展的关键时期。对于住宅产业，只有及时转变发展理念，借鉴先进国家建设经验，研发适合我国的新型工业化住宅建设模式，才能真正提升我国住宅品质和长期质量效益，实践可持续发展的理念，为人民提供长期舒适的住房。

2006年，中国建筑设计研究院“十一五”《绿色建筑全生命周期设计关键技术研究》课题组，以绿色建筑全生命周期的理念为基础、提出了我国工业化住宅的“百年住居LC 体系”（Life cycle Housing System），并于2010年设计了雅世合金公寓，首次在国内以示范项目的形式，试行了我国新型工业化体系，研发了内装工业化技术和部品集成应用，引起了广泛的关注和研究。

研究推进新型工业化住宅，不仅需要攻克一系列的技术问题，也需要符合我国的居民生活习惯及居住喜好，方便居民生活。雅世合金公寓作为建成并已经投入使用的新型工业化实验住宅，对其进行居住实态和意向调研能最为直接、真实地反映内装工业化体系的应用情况。通过对调研结果的分析，总结经验教训，可以为进一步完善和发展内装工业化技术提供依据。

5.3.1 概述

雅世合金公寓示范项目位于北京市海淀区西四环外永定路，是根据中国建筑设计研究院和日本财团法人Better Living签署的“中国技术集成型住宅 · 中日技术集成住宅示范工程合作协议”来实施建设的国际合作示范项目。

作为新型工业化体系的实验住宅，雅世合金公寓最大的特点是实施了内装工业化体系，并与结构体系完全分离。结构体系采用清水混凝土配筋砌块结构，再辅以加厚楼板，实现大开间室内布局。

各套型类型和面积统计　　表5-1

户型	套型使用面积（m²）	户数	案例	主要户型示意图
A	71.6	3	YS011、YS020、YS022	A户型 B户型 D户型 E户型 H户型 I户型 J'户型 K户型 厨房 卫生间
B端	69.7	2	YS016、YS021	
B中	68.6	3	YS014、YS015、YS019	
B下跃	128.6	1	YS007	
D	140.7	1	YS024	
E	85.6	1	YS005	
H	64.3	3	YS002、YS018、YS023	
I	53.8	2	YS001、YS010	
J	52.4	4	YS004、YS008、YS013、YS017	
J'	53.7	3	YS009、YS012、YS025	
K	65.0	2	YS003、YS006	

结构体和内装体分离的方式，使得内装部分建筑的各部件可以实现干式施工，成品在建造时直接安装对接就能完成。结构体保证建筑的耐久性，内装体可以自由更换，室内布局自由度极高，设备部品也可以得到及时的更新和维护，从而实现建筑的长寿命和可持续。

雅世合金公寓的内装系统由轻钢龙骨石膏板隔墙、轻钢龙骨吊顶、架空地面以及配套的设备和管道构成。架空地板下面铺设给排水管线，在安装分水器的地板处设置地面检修口，以方便管道检查和修理使用。架空地板有一定弹性，对容易跌倒的老人和孩子能起到一定的保护作用，并能达到一定的隔声效果；顶面采用吊顶设计，内部空间铺设电气管线、安装灯具及更换管线以及设备等使用，使管线完全脱离住宅结构主体部分；在内间系统的外部侧面，采用双层墙做法，架空空间用来铺设电气管线、开关、插座，同时可作为铺设内保温所需空间。

5.3.2　调查与基本评价

2013年7月笔者针对雅世合金公寓的居民进行了一次居住实态调查，采取随机走访的方式，通过填写调查问卷、进行详细的访问和采写、绘制平面及家具实物布置图、拍摄照片等方式展开。

样本采集覆盖了雅世合金公寓的1-7号住宅楼，共进行了27户住宅的样本收集，其中有效样本25户（表5-1）。调研样本（图

案例 YS002 玄关空间

案例 YS016：次卧室用作工作间

案例 YS016：采用了折叠餐桌，用沙发将客厅和餐厅的空间分隔

案例 YS003 餐厅：使用折叠餐桌

案例 YS009：次卧室放置双人床，作为未来的儿童房

案例 YS002 餐厅：位于起居厅和厨房之间

图 5-34 雅世合金公寓室内实景

针对雅世合金公寓项目的应用评价覆盖1-7号住宅楼，25户有效样本。调研显示用户最满意的部分为采暖效果和整体卫浴，最为不满的问题有阳台晒台不够、隔声和通风效果不好。

5-34）涵盖了不同的套型类型、使用面积以及各个生命周期的各类家庭结构，着重调查了用户的使用情况和满意度。

在问卷调查和访谈的过程中，为保证调研结果的准确性和全面性，尽量将全体家庭成员作为问卷调查对象和采访对象，在现实无法达到情况下，尽量访问户主，或者家庭决策的参与者。调查中由笔者一边提问问卷问题，一边对问题进行扩展，对每个选项的原因做出询问，以找到家庭成员做出选择时需要考虑的最重要因素。

对调研样本的住宅套型使用面积进行统计（图5-35），结果显示，绝大多数样本在90m^{2}以下；25户调研样本中，90m^{2}以上的只有2例。在90m^{2}以下的户型中，60～70m^{2}的户型最多，有10例；50～60m^{2}的有9例；70～80m^{2}和80～90m^{2}的案例各有3例和1例。

在调研中，要求用户提出对住宅较为满意和较不满意的三个方面。统计结果显示，用户最为满意的方面有采暖效果和整体卫浴，

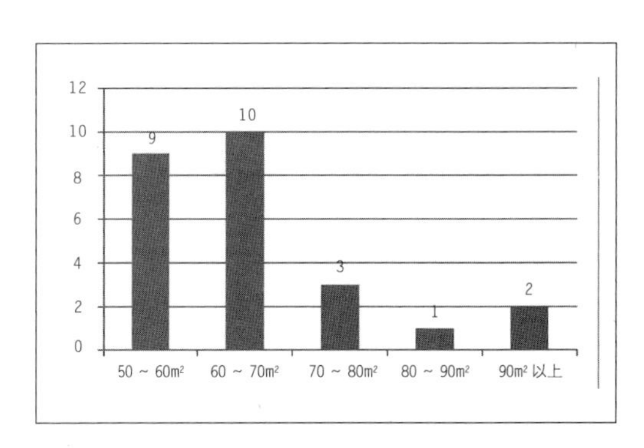

图 5-35 使用面积分布

分别有16户居民和15户居民对此表示满意，另外采光较好、空间紧凑、整体厨房，也是用户较为满意的方面（图5-36）；用户最为不满的问题有阳台晒台不够，共有16户反映了这个问题；另外有11户反映隔声效果不好；9户反映通风不好（图5-37）。

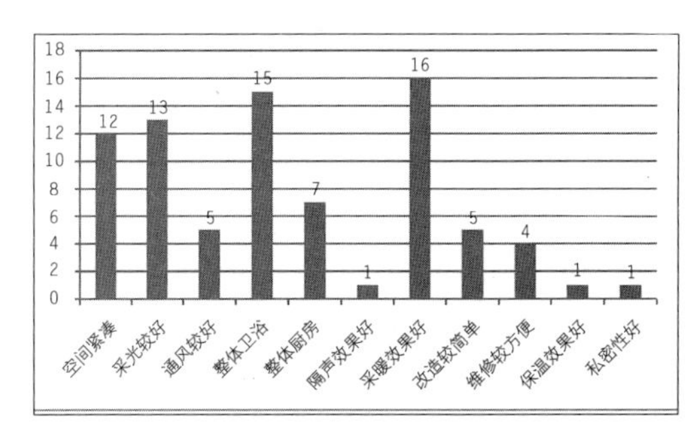

图 5-36 用户最满意的因素

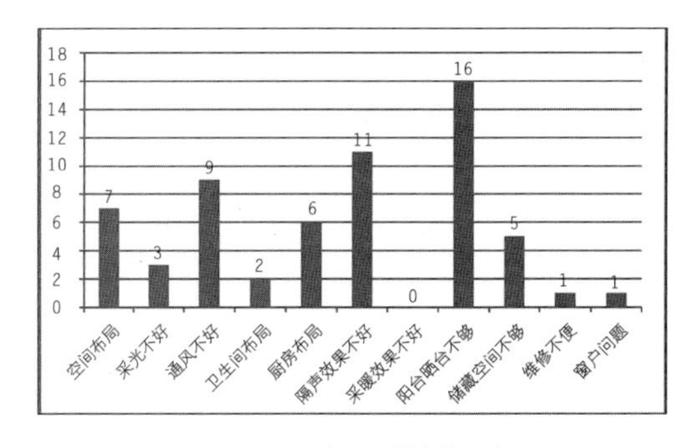

图 5-37 用户最不满意的因素

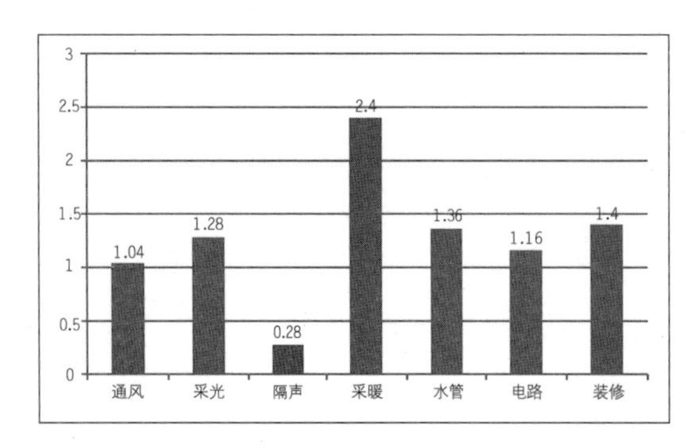

图 5-38 住宅综合评价

关于雅世合金公寓内装系统的评价包含给水排水、保温和供暖、管道设置和检修、换气和排烟以及住宅隔声五个方面。结果显示，各项内装设备均得到了用户的肯定，其中采暖评价最高，隔声最低，其余呈现比较平均的趋势。

5.3.3 关于内装系统的评价

对于住宅内装系统，其评价方式是用户将本套住宅与居住过的其他住宅相比，对住宅的舒适度做出直观的评价。在对户内空间的总体评价中（图5-38），用户被要求对房间数、面积、布局、朝向、采光、通风、隔声、采暖、水管、电路、装修这11项因素进行打分，从低到高依次为-3（非常不满）、-2（不满意）、-1（稍有不满）、0（一般）、+1（基本满意）、+2（满意），最高为+3（非常满意）。

统计结果显示，用户对所有指标的评价都为正面的，这证明雅世合金公寓的内装设备得到了用户的肯定。所有指标之中，采暖评价最高，隔声最低，其余指标呈现比较平均的趋势。

1. 给水排水

项目设置公共管道井，尽可能地将排水立管安装在公共部分，再通过横向排水管将室内排水连接到管道井内。在室内采用同层排水技术，将部分楼板降板，实现板上排水。同时，管道井内采用排水集合管，通过排水集合管管径的变化，实现排水的螺旋下落，无需设置通气管。给水分水器采用高性能可弯曲管道，除两端外，隐蔽管道无连接点，漏水概率小。区别于传统管道的分岔—分岔—再分岔的给水方式，每个用水点均由单独一根管道独立铺设，流量均衡、水压力变化较小、出热水所需时间短。在分水器附近的地板上设置检修口，便于定期检查及维修。

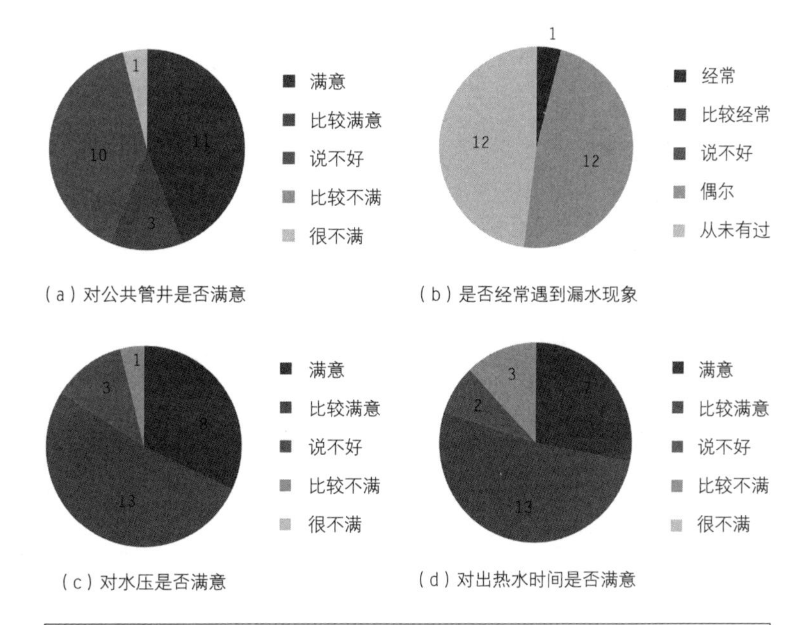

（a）对公共管井是否满意

（b）是否经常遇到漏水现象

（c）对水压是否满意

（d）对出热水时间是否满意

访谈：

住户A：肯定是希望把管道井放在外面，从心理上讲，就不希望屋里面到处是管子，再说这样我们听不到排水的声音。

住户B：对管道井放在外面和里面并没有太大的感觉，不过现在插卡取水的水槽不是方便。

住户C：洗澡有时候会洗到一半没热水，不知道是不是热水器的问题，我觉得精装修得把所有的东西都做到位，不管是哪个地方不好，都会出问题。

图5-39 居民对于住宅内装系统的评价（给水排水）

由图5-38可知，用户的综合评价得分为1.36分，仅次于采暖和装修，是用户较为满意的指标之一。

调查结果表明，对于公共管道井，25户样本中有11户认为满意（图5-39a），用户最大的感觉是排水噪声降低了。

对于住宅中是否经常遇到漏水的现象，只有1户表示经常遇到，有12户表示偶尔，12户表示从未有过（图5-39b）。在访谈中得知，经常遇到漏水的一户为整体浴室漏水，偶尔漏水的部位有盥洗间水龙头、空调冷凝管、厨房水槽等，漏水的原因多由于部品产品质量不过关，而非内装系统体系的问题。

对“对比之前住过的住宅，对于目前供水的水压稳定性是否满

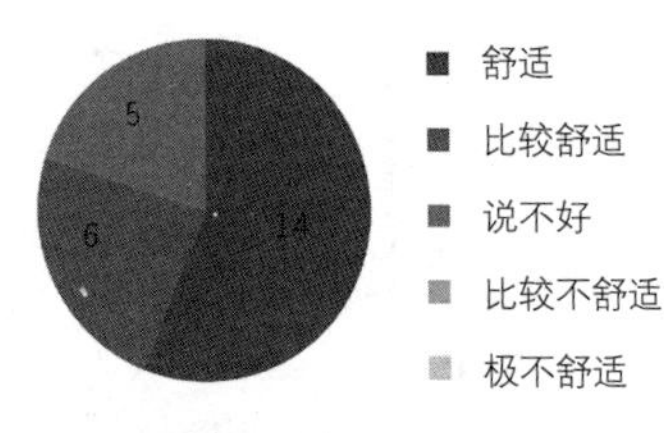

（a）保温效果（与传统造法住宅相比）

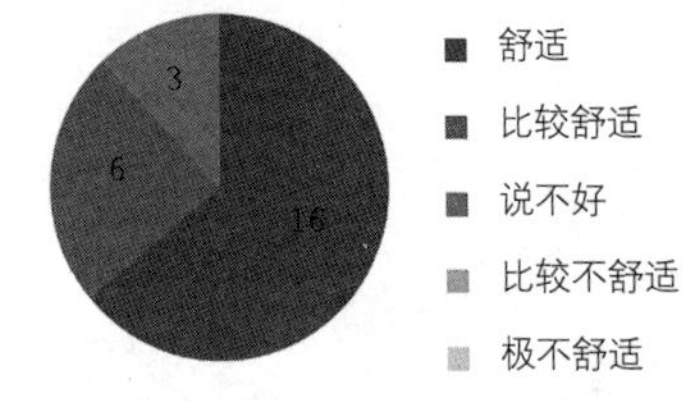

（b）供暖效果（与传统造法住宅相比）

图 5-40 居民对于住宅内装系统的评价（保温和供暖）

> 访谈：
>
> 住户 A：独户采暖特别好，因为家里孩子很小，需要一直保持屋里温度，这样我们可以自己调节，不需要等待采暖期。
>
> 住户 B：冬天有时候不开地暖也可以达到 15 ~ 18℃，比以前住过的房屋节能多了。
>
> 住户 C：保温隔热效果都比以前住的房子舒适，不仅冬天能节省采暖费，夏天也能节省空调费。
>
> 住户 D：内保温之后总觉得“买得大住得小”外围这一圈的面积算是损失了，不过保温效果确实挺不错的。

意”进行了调查，有8户表示满意，13户表示比较满意，绝大多数用户对水压稳定性表示了肯定（图5-39c）。

对“对比之前住过的住宅，用户对于目前供水的出热水时间是否满意”进行了调查，经过统计，有7户表示满意；13户表示比较满意；3户表示比较不满。访谈中，2户居民表示洗澡到一半没有热水，1户表示洗澡时出热水较慢（图5-39d）。这证明，绝大多数用户对水压稳定性表示肯定，而热水器的质量也影响到供热水的速度和稳定性，需要加以重视。

2. 保温和供暖

项目引进了日本广泛采用的内保温施工工艺，在双层贴面墙架空空间内喷施内保温材料。为了达到既舒适又节能的居住效果，项目采用通过燃气壁挂炉供暖的干式地暖，实现独户采暖。采用内保温为独户采暖提供了先决条件，内保温有利于采暖设备在短时间内迅速提高室内温度。如图5-38所示，住宅采暖的综合评价得分为2.4分，是各项指标中得分最高的一项，没有用户表示目前的保温性能和供暖方式不舒适。

通过问卷调查了“目前住宅的保温性能是否比之前住过的传统造法的住宅舒适”，结果显示在25户调研样本中，有14户表示比之前住过的传统造法的住宅舒适；6户表示比较舒适（图5-40a）。

对于“目前供暖方式是否比之前住过的住宅舒适”的问卷调研结果显示，16户认为比一般城市住宅舒适（图5-40b）。证明目前

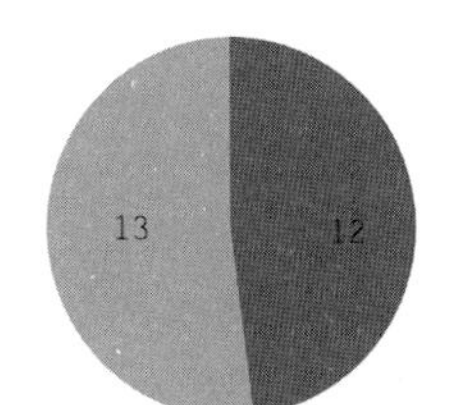

（a）管线设置是否合理

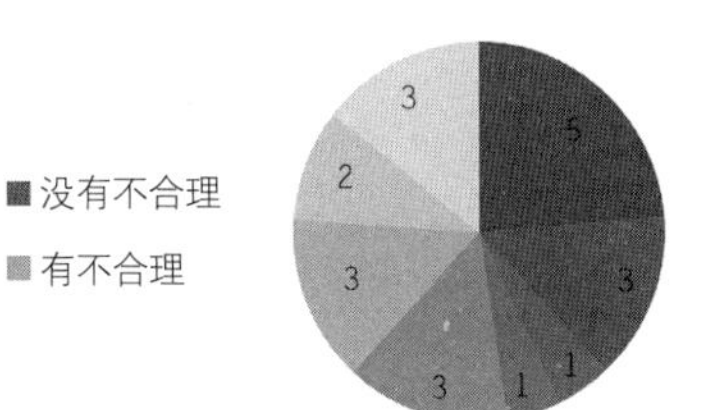

（b）管线设置不合理的地方

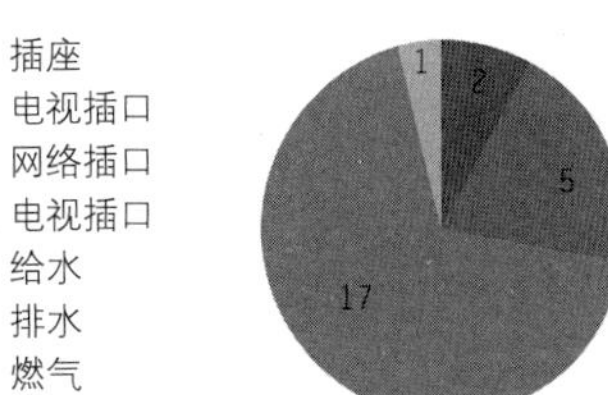

（c）管线维修是否方便

访谈：

住户A：我觉得把管子都埋起来这个挺好的，因为管线还是挺影响美观的，而且因为我们也没有大修过，基本上是灯坏了，水管坏了，就找物业过来解决一下。

住户B：目前用着尚且没什么问题，但是现在把东西都藏起来了，就让人有种担心，如果有东西坏了，能不能及时发现。

住户C：管线维修我们不懂，说不上来，不过餐桌的灯太暗了，我们下班回来晚，吃饭的时候要把客厅和厨房的灯都打开借用一下。平时工作忙也没有时间去改。

图5-41 居民对于住宅内装系统的评价（管线设置和检修）

的内保温施工工艺和燃气壁挂炉供暖的干式地暖、独户采暖方式受到了认可。

3. 管道设置和检修

目前国内住宅建设多将各种管线埋设于结构墙体和楼板内，二次装修时，需要破坏墙体重新铺设管线，带来重大安全隐患，同时还伴随着高噪声和大量垃圾的出现。在管线的施工中，现场很难发现施工错误，日常维护修理也较为困难。项目采用墙体和管线分离技术：架空地板的架空空间内铺设给排水管线，实现管线与主体的分离；轻钢龙骨吊顶内部空间铺设电气管线；采用内保温双层墙设计，架空空间用于铺设电气管线、开关、插座。

关于管线维修，除在安装分水器的地板设置地面检修口外，还在换气设备附近设置顶棚检修口、对较长横排水管接头附近设置管道检修口，以保证管线维修的安全和方便。

在本次调研中，从用户使用的角度对管线设置的合理性、维修便利性进行了问卷调查。结果显示，大多数居民对管线维修和管线设置没有专业上的认识（图5-41a），提出的问题都是日常接触的，如插座不够用、燃气表等位置不合理、不方便老年人使用、灯光布点不合适导致室内局部昏暗等（图5-41b）。

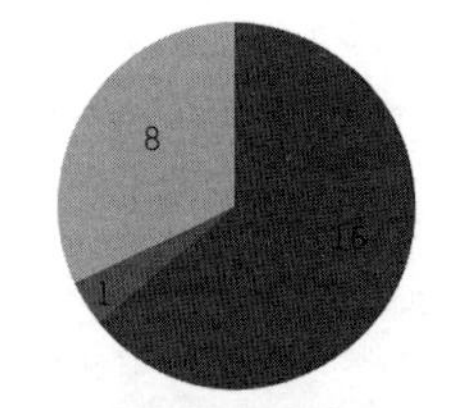

■ 目前的横排烟

■ 竖向的烟道

■ 无所谓

（a）排烟方式意向调查图

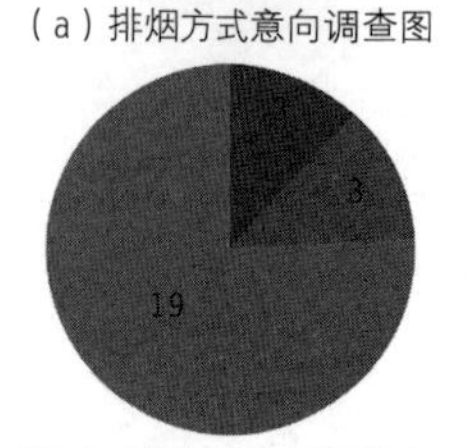

■ 舒适

■ 比较舒适

■ 说不好

■ 比较不舒适

■ 极不舒适

（b）对换气设备是否满意

> 访谈：
>
> 住户A：还是比较喜欢横排烟吧，因为没有烟道，我们东西好放一点。
>
> 住户B：之前我们住的房子其实就是在厨房的玻璃上面打个洞，自己就弄成横排烟了，烟道都没有用的，现在这样挺好的，因为据说是（外立面）做了处理，不会一会儿就熏黑了。
>
> 住户C：没有用过“新风负压换气系统”，这种高科技的东西我们不会用，是能净化空气的？

图5-42 居民对于住宅内装系统的评价（换气和排烟）

对“日常管线检修维护是否比之前住过的住宅方便”进行问卷调查，大多数居民表示不是特别清楚（图5-41c）。

通过调研结果统计分析，可以看出大多数居民提出的问题多围绕装修细节展开，而不牵扯到体系的优劣。这一方面，是因为管线维修需要较高的专业知识；另一方面，是因为项目建成时间较短，内装产业化体系在部品更换阶段的优势尚未展现出来。

4. 换气和排烟

一般的城市住宅使用的烟道多为上下贯通式，这样的烟道存在上下层隔声差、火灾发生时容易通过烟道迅速蔓延等问题。项目取消了上下贯通的排烟道，直接将抽油烟机的排烟口设置在阳台外窗上方完成独户排烟。调研中对这种排烟方式进行了调查，结果显示有16户居民表示更认可目前的横排烟方式，只有1户表明希望用竖向烟道，而8户居民表示不清楚两种排烟方式的优劣（图5-42a）。

项目安装了新风负压换气系统，采用负压式换气，用户不开窗即可呼吸到户外新鲜的空气；同时避免室内外气压不同引起地漏返味。问卷结果显示，多数居民（19户）不明白新风负压换气系统的功能和用法（图5-42b）。

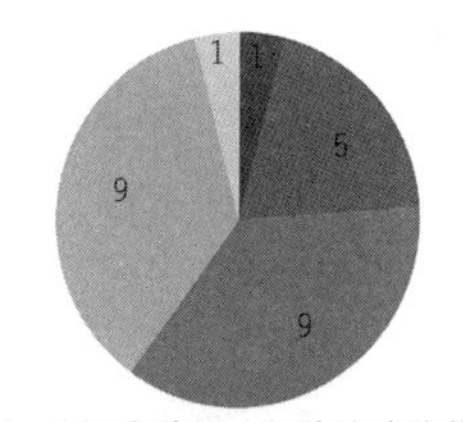

（a）隔声效果（与传统造法住宅相比）

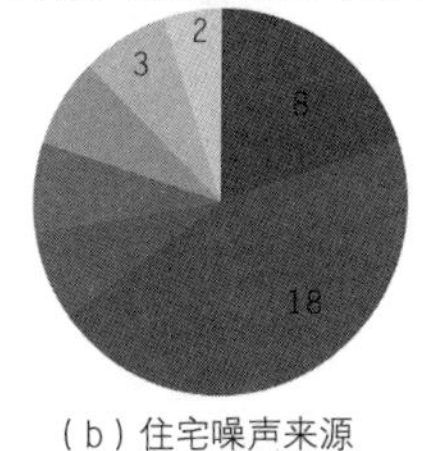

（b）住宅噪声来源

访谈：

住户A：住宅的采光、通风都挺好，采暖特别好，不过唯一不太满意的就是隔声问题，不过因为这个位置在飞机航线上，飞机的声音是没有办法的，另外我们这套临街，次卧室一直能听到机动车的声音。

住户B：隔声这个问题首先这个位置就有“先天不足”，飞机的声音，隔壁部队大院的喊操的声音都挺大的。

住户C：我们家墙的隔声效果还挺好的，但是户门的隔声效果不太好，有时候能听到对门邻居家电视的声音。

住户D：隔壁的空调外机声音特别大，我们可以知道他们每天几点开空调。

图5-43 居民对于住宅内装系统的评价（住宅隔声）

5. 住宅隔声

项目采用架空地板技术，在地板和墙体的交界处留出3mm左右的缝隙，保证地板下空气的流通，达到隔声的效果；室内的隔墙采用轻钢龙骨，根据房间性质的不同，在两侧粘贴不同厚度、不同性能的石膏板。在需要隔声的居室，墙体内填充高密度岩棉；项目还使用了密封性更好的窗户部品，优化隔声效果。

如图5-38所示，住宅隔声的综合评价得分为0.28分，是各项指标中得分最低的一项。问卷结果显示，最大的噪声来源是同层邻居，有18户反映这个问题；有8户表示噪声来源于城市；分别有3户表示来源于上下层邻居、设施运作、电器运行和套型内部的干扰；另有两户表示未感觉到明显噪声（图5-43a、图5-43b）。

虽然用户对隔声效果的评价不高，但是用户反映上下层之间、套型内部的隔声效果较好，这证明目前的隔声系统起了一定作用；同时，入户门的隔声效果不好、部分电器设施的位置不合理影响了隔声效果；另外，在城市环境较为嘈杂的情况下，可以适当提高隔声等级，以保证户内生活的舒适。

关于整体厨卫的评价部分，包括整体卫浴、整体厨房两个方面。对大多数用户对整体卫浴评价较高，对干湿分离的布局形式接受度较高；大多数用户对开放式厨房的布局表示认可，对整体厨房集成的设备和部品表示满意，但设计中仍应考虑到家庭生活方式、厨房使用习惯等因素。

5.3.4 关于整体厨卫的评价

设备体系统包括整体厨房、整体卫生间和设备管线等。其中

部分户型分离式卫浴空间平面图　　表 5-2

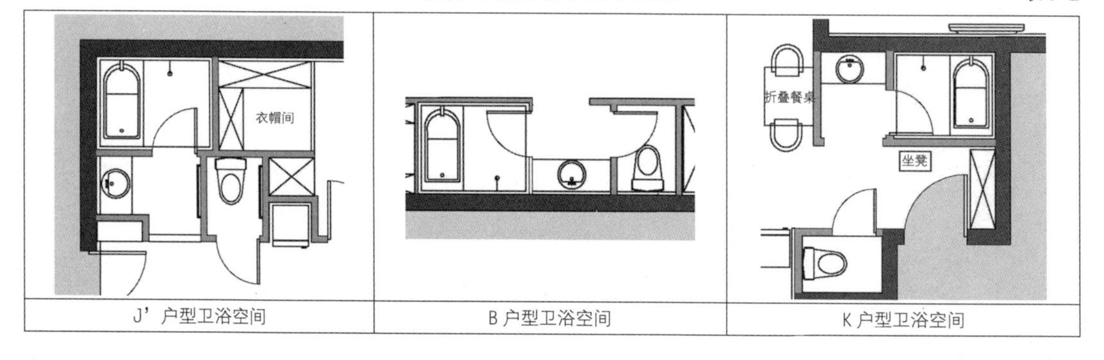

J' 户型卫浴空间	B 户型卫浴空间	K 户型卫浴空间

部分调研案例的卫浴实景　　表 5-3

		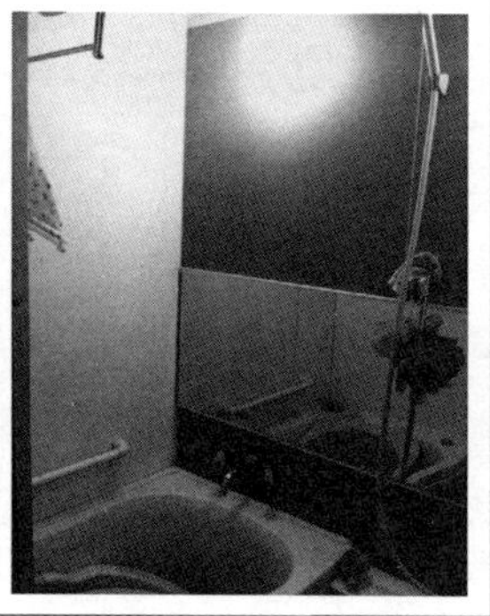	
案例 YS005 整体卫浴和盥洗空间	案例 YS007：独立如厕空间	案例 YS001：整体卫浴空间	案例 YS004：盥洗空间

厨卫空间是城市住宅中极其重要的空间，是住宅中的水、电、燃气、管道最为集中的区域，也是较容易出现问题的区域。雅世合金公寓的设计理念之一是采用整体厨卫，在位置分布上，力求水核集中（图5-6）；在具体实施上，为了施工的方便性、提高防水性和耐久性，项目采用工业化生产现场拼装的方式，满足创新生活的需要、实现可持续发展的要求，也是区别于城市住宅的重要特点。

1. 整体卫浴

雅世合金公寓采用三分离式卫浴空间：浴室、盥洗室、卫生间各自独立，互不干扰，可供三个人同时使用，提高了使用效率；干湿分区的形式，能有效避免使用者滑倒及干空间因潮湿而滋生细菌；整体卫浴采用特殊处理的地面，洗浴之后可以快速排干水分、保持地面干燥，提高安全性，浴缸和墙面使用容易打理的材质，便于清

对于卫生间分室的意向调查 表 5-4

空间类型	赞同分室户数
如厕空间	20
沐浴空间	20
盥洗空间	9
家务空间	10
不分室	1

访谈：

住户 A：这种卫生间的形式比较容易打扫。干湿分区，洗澡时水汽不会进入其他两间（盥洗区域和如厕区域）。

住户 B：我们家不足 $70m^2$，然后住了三代 4 口人，现在每个空间分开了，我们在早上用水、用厕所高峰期不会互相打扰，不过浴缸太占地方了，小孩子有专用的浴盆，大人又不用，利用率挺低的。

住户 C：整体浴室地板材质应该是特殊的，因为水干得很快，也没有发生过漏水的现象。家里的女孩子会用浴缸，我们有时候也用一下。

住户 D：目前不怎么用浴缸，不过我觉得有浴缸也挺好的，万一以后会用到呢。

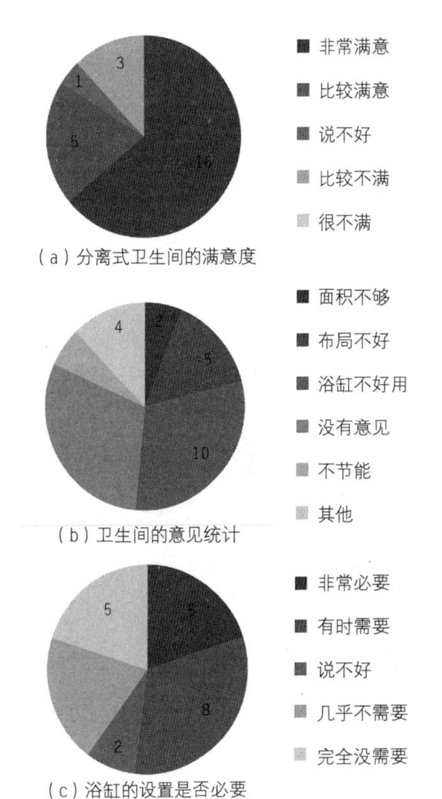

（a）分离式卫生间的满意度

（b）卫生间的意见统计

（c）浴缸的设置是否必要

图 5-44 居民对于住宅内装系统的评价（整体卫浴）

洁。在户型设计时，按照人的行为习惯和使用流线确定三者的位置关系，一般将盥洗室放置在中部，整体浴室与卫生间分布两侧，也可将盥洗室和整体浴室空间相通，便于沐浴前后更衣（表5-2、表5-3）。

通过调查样本分布图可以看出，绝大多数用户对卫生间的评价为+2（满意）和+3（非常满意），用户对目前这种将盥洗空间、淋浴空间、如厕空间分离设置的形式接受度较高（图5-44a）。

在一项关于卫生间分室的意向调查中，有20户居民表示在条件允许的情况下，希望将如厕空间和沐浴空间分离；9户认为盥洗空间也应该分离；10户认为家务空间应该分离；只有1户认为不需要分室（表5-4）。这表明卫生间分离设置的形式不仅在现在的户型中受到了欢迎，也是居民未来选择的意向。

对于卫生间的意见统计显示，最大的分歧在于浴缸的设置（图5-44b），而一项针对浴缸的调查统计中，对于浴缸的需求呈现出

部分户型开放式餐厨空间平面图　　表 5-5

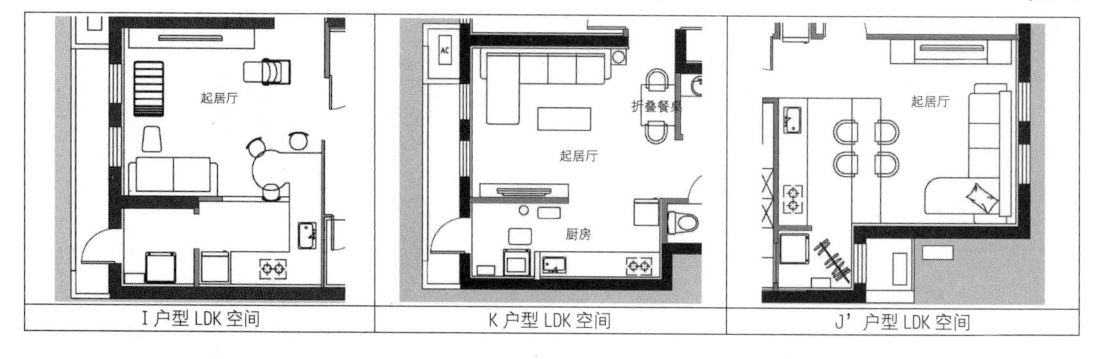

I 户型 LDK 空间	K 户型 LDK 空间	J’ 户型 LDK 空间

部分调研案例厨房实景　　表 5-6

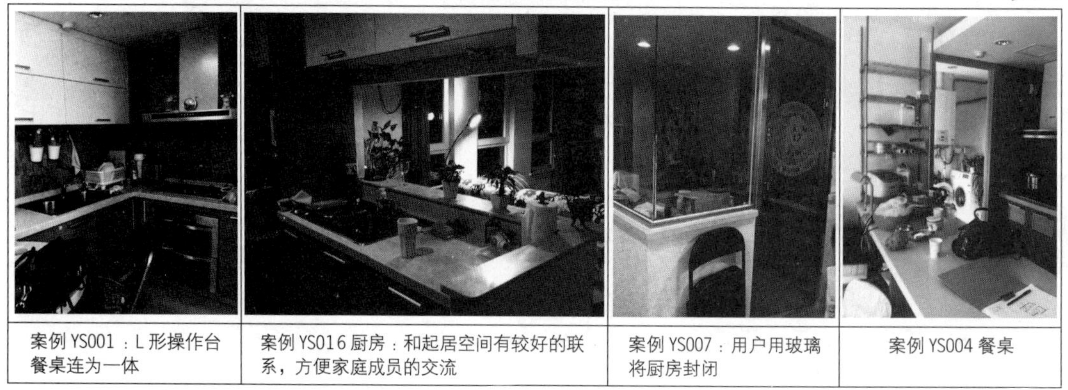

案例 YS001：L 形操作台餐桌连为一体	案例 YS016 厨房：和起居空间有较好的联系，方便家庭成员的交流	案例 YS007：用户用玻璃将厨房封闭	案例 YS004 餐桌

一种分化的趋势（图5-44c），反映了生活方式的多样性。

总体来说，在较小的套型中，许多用户提出洗浴空间、如厕空间、盥洗空间互相分离的形式能够使家庭成员之间在早晚使用卫生间的高峰可以互不干扰。而在有两个以上卫生间的大套型中，用户表示由于卫生间的数量多，本身已经可以互不干扰，这时关注的则是三分离后如厕空间面积较小、比较压抑的问题，并希望通过不分离的形式使卫生间面积更为紧凑，为其他功能空间“省出面积”。这从侧面反映出，对于一部分用户首先要考虑的因素是互不干扰、其次是面积的紧凑、再次是清洁的便捷性。

对于卫生间分歧较大的浴缸使用问题，用户呈现出两极分化的意向。对于有泡澡习惯的用户来说，浴缸显然是必要的；一部分用户即使没有用浴缸的习惯，也希望能够保留浴缸，以应对未来生活的变化或展示生活的品位；还有另外一部分用不惯浴缸的用户，则

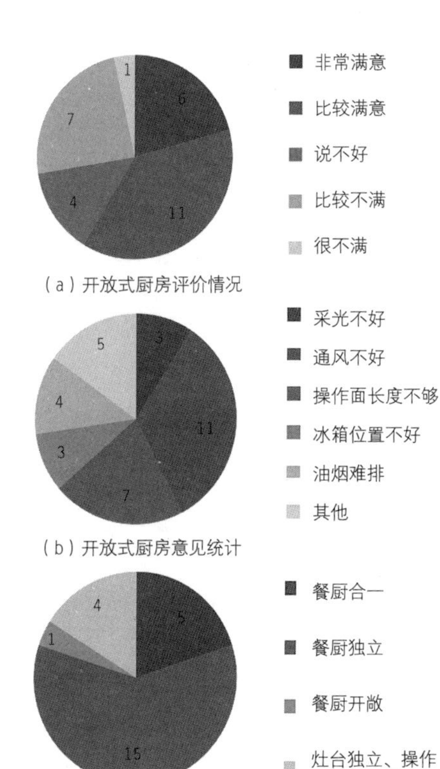

（a）开放式厨房评价情况

（b）开放式厨房意见统计

（c）厨房形式的喜好情况统计

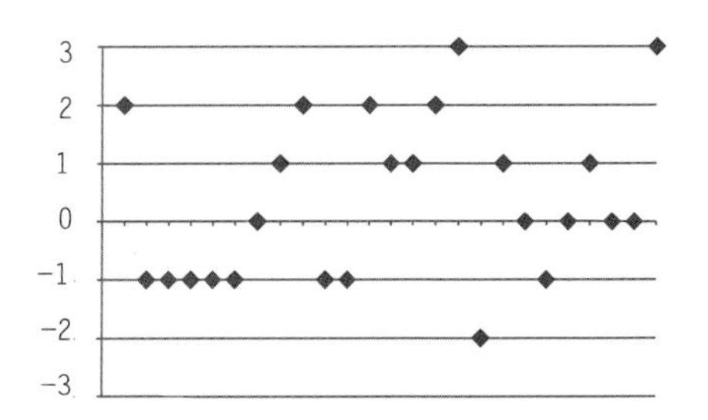

图 5-45 开放式厨房评价样本分布

访谈：

住户 A：房子面积较小，采用了餐厨合一的形式，现在已经是集约到极致的结果了，目前在家做饭不多，所以这种形式可以接受，而且还有一个好处，可以一边做饭，孩子在边上玩还可以照看一下。

住户 B：家乡在外地，习惯于口味较重的饭菜，目前油烟不大，但是做饭时的味道难以忍受，所以还是选择将厨房封闭起来。

住户 C：有亲友来访，可以在餐桌上待客，烧水做饭不耽误，这种形式比较新颖。

住户 D：现在抽油烟机越来越先进了，而且现在观念也改了，重油重盐不利于健康，我感觉这是一种趋势。

图 5-46 居民对于住宅内装系统的评价（整体厨房）

表示希望将浴缸取消，增加储藏室、门厅或者起居厅的面积。

2. 整体厨房

雅世合金公寓的整体厨房一般采取开放式布置方式，厨房位于LDK大空间一侧，并紧邻家务空间，便于用户综合利用空间；考虑厨房作为家庭服务区所需要设置的各种部品、设备以及管线，进行合理布局与有效衔接；整合模块化、标准化的橱柜系统，实现操作、储藏等功能的统一协作，使其达到功能的完备与空间的美观（表5-5、表5-6）。

对于目前开放式的厨房布局，有6户表示非常满意，11户表示比较满意，大多数人对此表示肯定（图5-45、图5-46a）。经统计，居民对于厨房的意见集中在通风不好和操作面长度不够，还有部分居民提出油烟难排、采光不好、冰箱位置不好等（图5-46b）。

通过对雅世合金公寓进行应用评价，反映出虽然仍有不尽如人意之处，但该项目实践的内装工业化体系能够为居民提供更为舒适的居住生活，证明了我国的内装工业化体系住宅具有良好的发展潜力。

在一项关于厨房形式的意向调查中，25户样本中，15户希望餐厨互相独立，这说明在条件允许的情况下，大多数住户仍然希望采取餐厨互相独立的方式，并不希望厨房开敞（图5-46c）。

评价和意向调查显示出用户对于开放厨房较为复杂的态度，一方面，开放式厨房的接受度较高，另一方面，用户仍然希望采取独立厨房的形式。另外，在调研中发现，有5户通过增加玻璃隔断或者轻质隔墙的方式将厨房封闭起来。经过深入访谈，造成这种结果的原因有以下几种：

首先是口味和烹饪习惯的问题，一些家庭炒菜口味偏重，只有把厨房封起来，才能防止油烟扩散，隔绝味道和热量；而另外一些居民认为这种开放式厨房是未来的趋势。

套型大小是另外一个影响因素。小套型的住户多认为开放式厨房是有效扩大起居面积、使得空间开阔的一种方式；而大套型的居民更倾向于使用独立的厨房空间。

从家庭生活方式的角度，有的居民反映较喜欢开放式厨房的原因是孩子年龄小，母亲做饭的时候可以一边照看孩子；有的居民认为开放式厨房在招待客人的时候可以宾主尽欢；有的居民平时很少在家做饭，油烟问题对生活影响不大，而开放式厨房能够展现生活品位。

随着时代的发展，厨房空间不仅仅需要履行其功能性因素，而且承担了展示、起居、娱乐等因素，多样的生活方式和不同的生活习惯使得用户对开放式厨房的态度差别较大，但是展现的多样化生活方式使开放式厨房这种形式有很大的存在必要和发展潜力。

5.4 小结

本研究通过对实施内装工业化体系的实验住宅——雅世合金公寓进行居住实态和意向调查，从用户的角度对我国的新型工业化体系进行深入了解和分析。首先针对内装系统的调研结果进行了分析，从用户的直观体会反映内装系统带来的改变。结果表明，用户通过对内装工业化体系的实验住宅—雅世合金公寓进行住户调研和访谈，研究内装工业体系是否为住户所接受，是否能够通过改造，灵活地满足住户多样的、变化的需求，从而为发展内装工业化体系、推进装配式住宅提供依据，为既有住宅改造提供参考。

对内装系统的评价较高，多数用户对于住宅较为基本的给水排水、保温和供暖、隔声、管线设置和维修、换气和排烟表示了肯定，认为采用新的体系能够带来更为舒适的生活环境；同时，对内装系统中较为重点的设备整体厨卫进行了调研分析，事实证明，整体厨卫空间引导了居民新的生活方式，提供了更为舒适的居住体验。总体来说，用户对大空间开放式厨房和分离式卫生间表示了认可，对整体厨卫的设备和部品表示满意。

在访谈中，用户也反映了一些问题，多数问题与雅世合金公寓采用的新型工业化体系并不存在原理上、体系上的冲突，而是集中在施工质量不好、设备部品质量不高等问题上。居住生活涉及方方面面，不仅要保证建筑空间的合理、物理感受的舒适，还要关注配套设备是否达到了预定的要求；另外，很多用户对于居住生活的理解不够深刻，比如对于内保温，部分用户仅仅关注内保温会损失部分使用面积，却没有看到内保温容易更换、保温性好等优点，对于户内的部分设施，不清楚其用法。所以加强对于用户的引导也是非常重要的。

雅世合金公寓所实践的内装工业化体系能够为居民提供更为舒适的居住生活，得到了使用者的肯定。虽然其中有不尽如人意的瑕疵，但瑕不掩瑜，成功是不容置疑的。这一实践也同时证明了我国的内装工业化体系住宅具有良好的发展潜力。

随着我国工程建设转向以高质量发展为目标，装配式工业化住宅的建造随之进入产业结构转型升级的关键时期。这体现在力求摆脱束缚和对传统模式的依赖，寻求高品质、环境友好型的建造方式。只要我们继续完善和推广取得的技术和认知，就可以逐步改变我国落后的建设方式，实现可持续发展。

总之，推广新型工业化建造体系不仅有利于节约资源能源、减少施工污染、提升劳动生产效率和质量安全水平，也有利于提高和改善居民居住品质和舒适度，采用工业化内装的住宅，具有满足居民未来变化的需求的灵活性，从而能够延长住宅寿命，使住宅真正成为社会的优良资产。

图表来源

1. 图1-1根据Stephen H. Kendall, Jonathan Teicher. Residential Open Building. Taylor & Francis. 1999 相关资料绘制
2. 图1-2、图1-9、图1-12、图1-16、图3-38、图3-39、图4-7、图4-8、图4-24由周静敏提供
3. 图1-3根据Irene Virgili. Metodologie Progettuali Per La Trasformazione Sostenibile Dell' esistente. Facoltà di Architettura di Ascoli Piceno. 2010 相关资料绘制
4. 图1-4根据Irene Virgili. Metodologie Progettuali Per La Trasformazione Sostenibile Dell' esistente. Facoltà di Architettura di Ascoli Piceno. 2010、Stephen Kendall. An Open Building Industry: Making Agile Buildings That Achieve Performance for Clients. 10th International Symposium Construction Innovation & Global Competitiveness, September 9th-13th, 2002 相关资料绘制
5. 图1-5根据http://open-building.org/ob/concepts.html网站资料绘制
6. 图1-6、图1-10引自NEXT21編集委員会. **その**設計**スピリッツと**居住**実験**10年**の**全貌. 大阪**ガス**株式会社,2005
7. 图1-7、图1-8、图1-18、图3-11、图3-13、图3-14、图3-15、图3-24、图3-26、图3-33、图4-2、图4-14、图4-15、图4-16、图4-22、图4-23；表1-1、表1-2、表1-3、表3-2、表3-10、表3-11、表3-12、表4-4、表4-6根据中国建筑标准设计研究院有限公司刘东卫工作室提供的相关资料绘制
8. 图1-11、图2-7、图3-43、图3-44、图3-45、图4-3、图4-9、图4-11根据《建筑设计资料集（第三版）第2分册居住》绘制
9. 图1-13根据《中国城市小康住宅研究综合报告》绘制
10. 图1-14根据开彦，郭水根,童悦仲,周尚德.小康试验住宅.建筑知识[J].1993（02）：9-11的相关资料绘制
11. 图1-15根据《住区》2007，总第26期内容绘制
12. 图1-17、图2-3、图3-4、图2-5、图2-6由周静敏工作室团队绘制
13. 图2-1、图2-2、图3-1、图3-2、图3-12；表3-1、表3-9根据《装配式建筑系列标准应用实施指南（装配式混凝土结构建筑）》绘制
14. 图2-8、图3-16、图3-17、图3-18、图3-22、图3-27、图3-28、图3-30、图3-31、图3-32、图4-1、图4-21、图4-29根据《装配式住宅建筑设计标准》图集绘制
15. 图2-9、图2-10、图2-11、图3-10、图3-21、图3-23、图4-5、图4-6、图4-13、图4-19、图4-20、图4-25、图4-26、图4-28；表4-2、表4-5、表4-7、表4-8、表4-9、表4-10、表4-11、表4-12根据《新型建筑体系与部品技术指南》绘制
16. 图3-3、图3-29、图3-42、图4-17、表3-14、表3-15、表3-16，以及章节5.2与5.3部分的图表均由苗青提供
17. 图3-4、图3-34、图3-35、图3-46、图3-47、图4-4、图4-12、图4-18，以及章节5.1部分的图表均由刘东卫提供
18. 图3-5、图3-6、图3-7、图3-8、图3-9、图3-41根据《建筑模数协调标准》（GB/T 50002-2013）绘制
19. 图3-20、表3-13、表3-16根据《日本住宅建设与产业化》绘制
20. 图3-25根据《装配式整体厨房应用技术标准》（JGJ/T 477-2018）绘制
21. 图3-36、图3-40由陈静雯提供
22. 图3-37由伍曼琳提供
23. 图4-10根据《SI体系百年住宅工业化建造指南》相关资料绘制
24. 图4-27由曹祎杰提供
25. 表3-3根据周静敏、刘东卫提供的图片绘制
26. 表3-4、表3-5根据《工业化住宅尺寸协调标准》（JGJ/T 445-2018）绘制
27. 表3-5、表3-6、表3-7由李伟提供
28. 表4-1根据《装配式混凝土建筑技术标准》（GB/T 51231-2016）绘制
29. 表4-3根据《装配式钢结构建筑技术标准》（GB/T 51232-2016）绘制

参考文献

[1] 周静敏,苗青,李伟,薛思雯,吕婷婷.英国工业化住宅的设计与建造特点[J].建筑学报,2012(04):44-49.

[2] 周静敏,苗青.英国的公营住宅建设历程研究[J].建筑学报,2019(06):60-66.

[3] 苗青,周静敏,陈静雯.开放建筑理念下的欧洲住宅建筑设计与建造特点[J].住宅产业,2016(04):18-25.

[4] 娄述,渝林夏. 法国工业化住宅设计与实践[M]. 北京：中国建筑工业出版社, 1986.

[5] 郭戈.住宅工业化发展脉络研究[D].同济大学,2009.

[6] Stephen Kendall. Prospects for Open Building in the U.S. Housing Industry[C]. International Seminar on Urban Housing: Towards the 21 Century: Planning Design, and Technology. Taipei and Tainan, Taiwan, 1994.

[7] N. J. Habraken, J. Th. Boekholt, P. J. M. Dinjens, A. P. Thijssen. Variations: The Systematic Design of Supports[M]. Boston: The MIT Press, 1976.

[8] Karel Dekker. Research information: Open Building Systems: a case study, Building Research & Information. 26(5): 311-318, 1998.

[9] Stephen Kendall. An Open Building Industry: Making Agile Buildings That Achieve Performance for Clients. 10th International Symposium Construction Innovation & Global Competitiveness, September 9th-13th, 2002.

[10] 江袋 聡司，藤本 秀一，小林 秀樹.SI 分離 2 段階供給方式における法・融資制度 —民間分譲集合住宅における 2 段階供給方式に関 する研究 その 2—[C].日本建築学会大会学術講演梗概集，F-1 分冊，pp. 1087-1088，2002. 8.

[11] 日本住宅公团企画調査室調査課編,KEP的介绍. 日本住宅公団調査研究期報. (48)1975.

[12] 深尾精一,耿欣欣. 日本走向开放式建筑的发展史[J]. 新建筑,2011,(06):14-17.

[13] **センチュリーハウジング** 推進協議会.**センチュリーハウジングステムガイドブック**. 平成9年.

[14] 鲍家声.支撑体住宅规划与设计[J].建筑学报.1985(02):41-47.

[15] 刘东卫,周静敏,邵磊.新中国成立以来住宅工业化及其技术发展[J].北京规划建设,2009(06):38-46.

[16] 周静敏,苗青.我国工业化住宅的设计和建造探索(下)——可持续发展与住宅工业化[J].住宅产业,2016(08):41-45.

[17] 周静敏,苗青.我国工业化住宅的设计和建造探索(上)——初期尝试与活力[J].住宅产业,2016(07):10-15.

[18] 苗青,周静敏,司红松.我国住宅工业化体系发展浅析[J].住宅科技,2015,35(07):19-23.

[19] 周静敏,苗青,司红松,汪彬.住宅产业化视角下的中国住宅装修发展与内装产业化前景研究[J].建筑学报,2014(07):1-9.

[20] 范悦,程勇.可持续开放住宅的过去和现在[J].建筑师,2008(03).

[21] 苗青,周静敏.基于SAR理论的内装工业化体系研究[J].建筑实践,2019(02):1-2.

[22] 黄杰,周静敏.开放住宅体系的灵活性初探[J].住宅科技,2016,36(08):17-22.

[23] 吴东航，章林伟. 日本住宅建设与产业化[M]. 北京:中国建筑工业出版社, 2009.
刘东卫. SI住宅与住房建设模式．体系・技术・图解．

[24] System・technology・graphic[M]. 北京:中国建筑工业出版社, 2016.

[25] 刘东卫. SI住宅与住房建设模式．理论・方法・案例．Theories・methods・cases[M]. 北京：中国建筑工业出版社, 2016.

[26] 魏素巍,曹彬,潘锋.适合中国国情的SI住宅干式内装技术的探索——海尔家居内装装配化技术研究[J].建筑学报,2014(07):47-49.

[27] 曹祎杰.工业化内装卫浴核心解决方案——好适特整体卫浴在实践中的应用[J].建筑学报,2014(07):53-55.

[28] 苗青,周静敏,郝学.内装工业化体系的应用评价研究——雅世合金公寓居住实态和满意度调查分析[J].建筑学报,2014(07):40-46.

[29] 周静敏,苗青,刘东卫.内装工业化体系的居民接受度及改造灵活性研究——以雅世合金公寓为例[J].建筑学报,2019(02):12-17.